浙江工业大学

浙江大学

中国美术学院

浙江农林大学

浙江理工大学

浙江科技学院

浙江树人大学

浙江财经大学

2017"乡建教学联盟"
联合课程设计

乡约黄岩

RURAL DEVELOPMENT

浙江省第三届黄岩杯大学生
"乡村规划与创意设计"教学竞赛作品集

陈玉娟　陈前虎　主　编
周　骏　张善峰　龚　强　副主编

中国建筑工业出版社

图书在版编目（CIP）数据

乡约黄岩：浙江省第三届黄岩杯大学生"乡村规划与创意设计"教学竞赛
作品集／陈玉娟，陈前虎主编．—北京：中国建筑工业出版社，2018.5
　ISBN 978-7-112-22267-4

　Ⅰ．①乡…　Ⅱ．①陈…②陈…　Ⅲ．①乡村规划-中国-图集　Ⅳ．① TU982.29-64

中国版本图书馆CIP数据核字（2018）第097524号

责任编辑：杨　虹　周　觅
责任校对：焦　乐

乡约黄岩

浙江省第三届黄岩杯大学生"乡村规划与创意设计"教学竞赛作品集
陈玉娟　陈前虎　主　编
周　骏　张善峰　龚　强　副主编
＊
中国建筑工业出版社出版、发行（北京海淀三里河路9号）
各地新华书店、建筑书店经销
北京雅盈中佳图文设计公司制版
天津图文方嘉印刷有限公司印刷
＊
开本：880×1230毫米　1/16　印张：12¼　字数：185千字
2018年8月第一版　2018年8月第一次印刷
定价：**119.00**元
ISBN 978-7-112-22267-4
　　　　　（32149）

本书编委会

主　编：陈玉娟　陈前虎
副主编：周　骏　张善峰　龚　强

编委会成员：

阮顺富	刘烈熊	张　凌	谭灵敏	彭艳艳	陈冠华	杨　方
申巧巧	张晓伟	陈亚晓	文旭涛	王丽娴	王　娟	王建正
王　媛	江俊浩	张　超	刘　虹	李茹冰	任光淳	汤坚立
沈实现	宋　扬	吴亚琪	杨力维	邵　锋	金敏丽	郑国全
胡绍庆	胡　广	贺文敏	赵小龙	秦安华	陶　涛	曹　康
黄　焱	董文丽	戴　洁				

序 言

　　这已经是第三届浙江省大学生"乡村规划与创意设计"竞赛了。在竞赛评优与颁奖之际，恰逢伟大的中国共产党第十九次全国代表大会胜利召开，并在本次大会上明确提出了"乡村振兴"战略。

　　继 2015 年首届浙江省大学生"乡村规划与创意设计"竞赛在"四个全面"示范县——浦江县、2016 年在"科学发展"示范县——嘉善县成功举办之后，2017 年的"乡村规划与创意设计"竞赛活动又在"新型城镇化"示范区——台州市黄岩区胜利落下了帷幕。今年的活动仍由浙江省城市规划学会、浙江工业大学和台州市黄岩区人民政府联合主办，由浙江工业大学建筑工程学院，浙江工业大学小城镇城市化协同创新中心与台州市黄岩区住房和城乡建设局承办，省内 8 所高校 19 支队伍积极参与，并同时得到了台州市城乡规划设计研究院的热情指导与大力支持。于鲜花盛开的 5 月开题，至金秋 10 月结果，校地、校企共同完成了这次颇有意义的联合教学与社会服务活动。

　　随着中国城市化进入下半场，中国乡村正经历着 5000 年来最剧烈的发展方式转变与人居环境变迁过程。截至 2016 年底，中国城市化水平达到 57.4%，并呈现"乡—城"人口流动加速态势；与此同时，在城市居民生活方式转变、休闲度假需求激增的驱动下，乡村地区的发展面临着资源要素重组、增长方式转变与地域景观再造的强大压力。直面现实，高校人才培养、科学研究和社会服务如何走出一条"服务区域、根植地方、多元协同、创新卓越"的办学之路，实现与区域经济发展转型的同频共振，是当前高校相关学科与专业办学中应该思考的一大课题。

　　近三年的实践表明，浙江省大学生"乡村规划与创意设计"竞赛是个应世宜时的创新之举。竞赛通过现场开题、中期交流、集中答辩、专家提问点评、成果展览、颁奖论坛等环节，在有效服务浙江地方美丽乡村建设的同时，快速提升了各高校乡村规划建设人才的培养质量，取得了合作各方共赢的效果。

　　第四届竞赛已确定由"全域旅游"示范县——天台县承办，衷心希望这一赛事乘风借势，在服务地方、传承播撒乡村先进文化、弘扬城乡规划正确价值理念的同时，成为浙江培养下一代优秀规划师、建筑师、景观与室内外设计师的独具特色和影响力的平台。

浙江省住房和城乡建设厅总规划师

2017 年 1 月

目录 ▌ Contents

3　调研报告 /INVESTIGATION REPORT

4　黄岩乡建 /RURAL CONSTRUCTION OF HUANGYAN

后记 /POSTSCRIPT // 196

乡约黄岩
浙江省第三届黄岩杯大学生"乡村规划与创意设计"教学竞赛作品集

竞赛组织及成果点评
COMPETITION ORGANIZATION AND WORK COMMENTS

浙江省第三届黄岩杯大学生"乡村规划与创意设计"竞赛（2017）组织过程

浙江省第三届黄岩杯大学生"乡村规划与创意设计"竞赛（2017）成果评奖方式

浙江省第三届黄岩杯大学生"乡村规划与创意设计"竞赛（2017）任务书

浙江省第三届黄岩杯大学生"乡村规划与创意设计"竞赛（2017）作品评优会

浙江省第三届黄岩杯
大学生"乡村规划与创意设计"竞赛（2017）组织过程

　　浙江省第三届"乡约黄岩"大学生"乡村规划与创意设计"竞赛由浙江省城市规划学会、浙江工业大学和台州市黄岩区人民政府三家单位联合主办，由浙江工业大学建筑工程学院、浙江工业大学小城镇城市化协同创新中心、台州市黄岩区住房和城乡建设局承办。

　　该项活动采取众高校联盟，多专业协同设计竞赛的形式，以特色乡村为基地，围绕"美丽乡村"建设，邀请了浙江大学、浙江工业大学、中国美术学院、浙江理工大学、浙江科技学院、浙江树人大学、浙江财经大学、浙江农林大学8所高校的19支参赛队，走进黄岩区10个传统特色村落开展乡村规划与创意设计。

　　本次大赛于2016年12月初开始筹备，2017年1-2月通过多次实地踏勘选定规划村庄，3-4月拟定竞赛任务书并进行参赛队伍报名工作，2017年5月确定参赛队伍并召开启动仪式。2017年暑期，在黄岩区住房和城乡建设局以及新前街道、澄江街道、头陀镇、宁溪镇、上郑乡、富山乡的支持下，19支由各高校城乡规划、建筑学、风景园林、景观设计等人居环境相关专业的大学生组成的参赛队伍赴现场调研，最终于2017年9月30日提交19份参赛作品。

　　2017年10月14日，主办方邀请各参赛高校师生代表，在浙江工业大学朝晖校区举行了大赛评优答辩会，并另行邀请了有关专家组成评审小组。评审小组成员包括浙江省城市规划学会秘书长杨晓光先生、同济大学建筑与城市规划学院院长助理兼中国城市规划学会乡村规划与建设学术委员会秘书长栾峰副教授、东南大学建筑学院副院长石邢教授、浙江省城乡规划设计研究院副院长余建忠教授、浙江省建筑设计研究院总建筑师许世文先生、台州市城乡规划设计研究院副院长鲁岩先生和台州市规划局黄岩规划分局张凌女士。其中，栾峰副教授为组长。同时出席评优答辩会的还有浙江工业大学建筑工程学院院长陈前虎、浙江工业大学建筑工程学院城市规划系主任陈玉娟副教授、台州市黄岩区住房和城乡建设局谭灵敏、陈冠华、王华、卜鲁炳等地方领导。

浙江省第三届黄岩杯
大学生"乡村规划与创意设计"竞赛（2017）成果评奖方式

一、奖项设置

本次竞赛共收到 19 份作品，竞赛组委会经讨论决定设一等奖 2 名（不大于参赛作品的 10%，可空缺），二等奖 4 名（不大于参赛作品总数的 20%），三等奖若干名。另外，在所有参赛作品中评出最佳创意奖和最佳表现奖各 1 名。

二、评奖方式

首先，逆序淘汰。由专家组投票选择相对较差方案，并按照得票多少，淘汰不多于 30% 的有效评奖方案，产生获奖方案。对于有争议方案，由专家组即时讨论确定，无明显倾向共识情况下可以投票确定；对于有明显踩设计或政策红线的作品采取专家一票否决制。

其次，优选投票。由专家组在入围方案中投票选择更好方案，并按照得票多少选出不多于 6 个的优选方案。对于有争议方案，由专家组即时讨论确定，无明显倾向共识情况下可以投票确定。

再次，依序淘汰方式在前 6 名方案中选出二等奖和一等奖。对于有争议方案，由专家组即时讨论确定，无明显倾向共识情况下可以投票确定。

最终，在入围方案中专家组集体讨论产生最佳创意奖和最佳表现奖各 1 名，可空缺。

对于获奖目录，应将详细信息（单位、学生姓名、教师姓名、方案名称、获奖等级）整理好后当天发给组委会，由组委会统一汇总后提交学会，以便制作证书。

三、获奖名单

一等奖：

浙江工业大学，《循辙拾古　酿香留人——黄岩区上郑乡垟头庄乡村规划与创意设计》

浙江工业大学，《十里桃花　溪上人家——头陀镇溪上村规划设计》

二等奖：

浙江工业大学，《小隐隐于市——头陀镇崇法村乡村规划与设计》

浙江理工大学，《十里苌楚　禅养源流——基于触媒理论引导下的宁溪镇蒋家岸村规划设计》

浙江工业大学，《岩栖谷隐　归去来溪——上郑乡大溪坑村乡村规划与设计》

浙江大学，《伴山伴水半岭堂——台州市黄岩区半岭堂村乡村规划与设计》

三等奖：

浙江树人大学，《云端山居图——台州市黄岩区富山乡安山村规划设计》

浙江大学，《丰年留客，乐游蒋家——基于行为策划的蒋家岸村田园综合体规划设计》

浙江理工大学，《一个失田村的绝处逢生——宁溪镇白鹤岭下村乡村规划与设计》

浙江工业大学，《橘意再生——美丽乡村下农村发展的新型模式》

浙江农林大学，《归园禅居，意适向晚——头陀镇崇法村规划与设计》

中国美术学院，《复山水，刻艺心——黄岩白鹤岭下版画艺术村》

浙江科技学院，《漫溪养逸——宁溪镇大溪坑村乡村规划与设计》

浙江科技学院，《水碧出云坊　半岭源流长——富山乡半岭堂村村庄规划设计》

最佳创意奖：

浙江工业大学，《循辙拾古　酿香留人——黄岩区上郑乡垟头庄乡村规划与创意设计》

最佳表现奖：

中国美术学院，《复山水，刻艺心——黄岩白鹤岭下版画艺术村》

浙江省第三届黄岩杯
大学生"乡村规划与创意设计"竞赛（2017）任务书

一、背景

2011 年学科调整设置城乡规划专业，乡村规划成为城乡规划专业的重要组成部分。2017 年中央一号文件有关发展乡村规划专业的要求，对于人居环境学科建设提出了更高要求。积极推进乡村规划领域的专业知识发展，培养具备乡村规划专业能力的技术人才，呼吁社会各界关注乡村规划与建设事业，成为开设城乡规划专业的高等院校的重要责任。

浙江工业大学已连续两届承办浙江省"乡村规划与创意设计"教学竞赛，为进一步响应美丽浙江建设需求，进一步推进浙江省高等学校人居环境学科（含城乡规划、风景园林、建筑学、环境艺术等专业）的整体发展，尤其是乡村规划设计及相关课程教学的发展与改革，为此，经浙江省城乡规划学会同意，在台州市黄岩区人民政府的鼎力支持下，浙江省第三届大学生"乡村规划与创意设计"教学竞赛如期举行，诚邀省内各高校参与支持。

二、活动目的

1. 持续推进浙江省高等院校的乡村规划教学研究及交流，以及学科发展。

2. 积极吸引城乡规划专业学生关注乡村建设及规划，提升学习和研究热情，交流并促进研究及规划方法。

3. 积极探索适应新时代的办学方法，将专业教育及发展与社会实践需要紧密结合，吸引更多地方积极支持高等院校的学科发展。

4. 产学研结合，地方支持高校，高校反哺地方，充分发挥高校创新功能，进一步支持地方美丽乡村建设事业的积极发展。

三、竞赛组织方

1. 主办方

浙江省城市规划学会

浙江工业大学

台州市黄岩区人民政府

2. 承办方

浙江工业大学小城镇城市化协同创新中心

浙江工业大学建筑工程学院

台州市黄岩区住房和城乡建设局

3. 协办方

台州市城乡规划设计研究院

四、报名方式及参赛要求

采取自由报名和定点特邀相结合的方式，分阶段开展该项活动。拟参加单位可以填写附件报名表，并在规定时间内提交报名表。

1. 竞赛承办单位将根据各个参赛团队以及待规划设计乡村（地块）的特点为各个参赛团队指定其具体的规划设计乡村（地块）；

2. 参赛团队成员必须为在校学生，本科生与硕士研究生不限（以本科生为主体），每个参赛团队成员不超过 6 人；

3. 参赛团队指导老师不超过 4 人；

4. 参赛方案不得包含任何透露参赛团队及其所在学校的直接或间接信息；

5. 参赛方案的核心内容必须为原创，不得包含任何侵犯第三方知识产权的行为；

6. 所有参赛团队提交的材料在评审后不退回，竞赛承办单位有权无偿使用所有参赛成果，包括进行任何形式的出版、展示和评价。

五、竞赛选题及任务要求

1. 竞赛选题

浙江省第三届黄岩杯大学生"乡村规划与创意设计"
教学竞赛拟选村庄名单　　　　表1-3-1

序号	所在乡镇（街道）	村名
1	新前街道	西岙村
2	澄江街道	凤洋村
3	头陀镇	溪上村
4	头陀镇	崇法村
5	宁溪镇	白鹤岭下村
6	宁溪镇	蒋家岸村
7	上郑乡	大溪坑村
8	上郑乡	垟头庄村
9	富山乡	半岭堂村
10	富山乡	安山村

2. 总体要求

根据竞赛承办方提供的相关基础资料，结合实地调研；在符合国家和地方有关政策、法律、法规和规划指引的前提下，充分利用和挖掘村庄的资源禀赋，探讨村庄的未来发展可能，并以此为出发点，提出村庄的未来发展定位和发展策略，在村域层面编制村庄规划，进行居民点规划，在此基础上选择重要节点（含入口、公共活动空间）、重要景观界面开展方案设计。

3. 具体任务

本次方案竞赛重在激发各单位的创新思维，提出乡村发展的创意策划方案，因此规划内容包括但不限于以下部分：

（1）调研分析

对于规划对象，从区域和本地等多个层面，以及经济、社会、生态、建设等多个维度，进行较为深入的调研，挖掘发展资源，剖析主要问题。

（2）发展策划

根据地方发展资源和所面临的主要问题，提出较具可行性的规划策略。

（3）村域规划

根据地形图或卫星影像图，对于村域现状及发展规划绘制必要图纸，并重点从村域发展和统筹的角度，提出有关空间规划方案，至少包括用地、交通、景观风貌等主要图纸。允许根据发展策划创新图文编制的形式及方法。

（4）居民点设计及节点设计

根据上述有关发展策划和规划，选择重要居民点或重要节点，探索乡村意象设计思路，编制能够体现乡村意象的规划设计方案。原则上设计深度应达到1：1000-1：2000，成果包括反映乡村意象的入口、界面、节点、区域、路径等设计方案和必要的文字说明。

六、成果形式

规划设计方案要求紧扣竞赛主题：乡约黄岩，扎根实际、立意明确、构思适宜、表达规范；鼓励采用具有创造性的技术、分析方法与表现手法；成果要求图文并茂，并适应后期出版需要。主要成果形式与要求如下：

1. 每份成果，应有统一规格的图版文件4幅（图幅设定为A0图纸，应保证出图精度，分辨率不低于300dpi。勿留边，勿加框），应为psd、jpg等格式的电子文件，或者Indd打包文件夹，该成果将用于出版。具体要求：规划设计方案中的所有说明和注解均必须采用中文表达（可采用中英文对照形式）；图纸中不得出现中国地图以及国家领导人照片等信息；成果方案的核心内容必须为原创，不得包含任何侵犯第三方知识产权的行为。

2. 每份成果，还应另行按照统一规格，制作2幅竖版展板psd、jpg格式电子文件，或者 Indd 打包文件夹。该成果将统一打印，以便展览用途。

3. 每份成果还应含有基地调研报告一份，图文并茂。

4. 能够展示主要成果内容的 ppt 等演示文件一份，一般不超过 30 张页面。

七、竞赛时间安排

1. 2017 年 3 月 1 日：发布竞赛通知。

2. 2017 年 3 月 10 日：竞赛报名截止。

3. 2017 年 3 月 20 日：公布参赛团队，举办竞赛启动仪式。

4. 2017 年 3 月 20 日 –4 月 10 日：发放技术文件、完成基地现场调研。

5. 2017 年 5 月 30 日：所有参赛团队完成方案村民意见征求。

6. 2017 年 8 月 30 日：所有参赛团队提交成果。

7. 2017 年 10 月 30 日前：参赛成果分别完成评审及获奖名单，举办乡村发展论坛。

8. 2017 年 12 月 30 日前：完成作品集出版工作。

八、评优方式

本次活动组织，重在激发各校师生积极性和研讨交流，因为不采用匿名评比方式。原则上在收集各单位成果后，由主办方与承办方邀请各参加单位任课教师以及规划设计专家、学者，以及省、市、县相关规划主管部门领导共同组成评优工作小组，完成竞赛成果的评优工作。

具体安排如下：

1. 评优时间：2017 年 10 月 30 日前完成评优，具体时间另行通知；

2. 评奖形式：展板展示 +ppt 汇报（每参赛团队不超过 15 分钟）；

3. 奖项评定：评优工作小组通过现场评审，投票或打分评出参赛方案获奖奖项；

4. 审核公布：主办方对获奖方案及所有获奖名单复审、核定，确认后正式宣布竞赛结果。

九、其他事宜

1. 各参赛团队所提交成果的知识产权将由各参赛团队（单位）和竞赛组织方共同所有，组织方有权适当修改并统一出版，各参赛团队（单位）拥有提交成果的署名权。

2. 所有参赛团队均被视为已阅读本通知并接受本通知的所有要求。

3. 本次竞赛的最终解释权归竞赛组织方所有。

浙江省第三届黄岩杯大学生"乡村规划与创意设计"竞赛组委会

2017 年 2 月 28 日

浙江省第三届黄岩杯
大学生"乡村规划与创意设计"竞赛（2017）作品评优会

评优专家组组长：栾峰副教授
同济大学建筑与城市规划学院院长助理
中国城市规划学会乡村规划与建设学术委员会秘书长

下午专家们认真观看图纸并且经过多轮投票与讨论，得出了最终的竞赛结果。

此次竞赛活动，给我们所有参与竞赛院校的相关专业的乡村人居环境类人才培养带来的促进作用是显而易见的。从所有提交的竞赛成果来看，作品都展现出不同于设计院的风格，即没有设计院作品那么成熟、那么"四平八稳"；看得出来参赛团队的学生都有一种开放的心态，保持一股创作的激情；这也是本次大学生"乡村规划与创意设计"竞赛的教学竞赛的特色与价值所在。

但是，作为一种专业竞赛，我们还是必须要考量竞赛方案的科学性。

以下三个方面是我评价参赛作品的原则：

（1）规划设计的价值观：坚持问题导向，资源节约和红线原则；

（2）规划设计的大方向：这个村到底能不能"留"。我们今天做的都是供给式方案，如果有两三组做的是如何让这个村更好地"没了"，我一定给他最佳创意奖；

（3）规划设计的逻辑性：问题导向下的对策是否合乎逻辑？是否可行？如果可行，谁来做？

专家组成员：石邢教授
东南大学建筑学院副院长

感谢浙江工业大学主办的浙江省第三届黄岩杯大学生"乡村规划与创意设计"竞赛，感谢美丽的黄岩区为我们提供比赛案例地，感谢参赛的 19 支队伍。

通过提交的 19 份竞赛作品，能够看出我们学科的发展，判断出我们学生当前的方案能力与设计水平。从学科的角度看，"城乡规划"不能只是注重城市规划，忽视乡村规划与建设。因此我说，重视乡村规划与设计教学、培养学生乡村规划与设计的技能、从事乡村规划与设计很有意义。乡村规划与设计本身是多学科交叉的，希望大家对未来的乡村规划与设计能够采取多学科的视角求解和全身心投入的工作态度。在这里，我给未来的规划师们，提供两点建议：

（1）创新设计思路，在方案层面多做创新，用新的设计手法、新的设计思考角度，为乡村规划与设计做出新的拓展与突破；

（2）注重专业基本功，同时注意对于新的表达形式、表达方法掌握与使用；比如今天有不少设计团队的同学采用三维动画的形式，展示他们的乡村规划与设计方案，效果直观、清晰、生动。

最后，想要做好乡村规划与设计，参与者所花费的精力与时间对于作品质量起着决定性的作用。同样，成果汇报也需要进行充分的准备，在规定的时间内把作品或成果精彩地展现出来。从 19 支参赛队伍的汇报过程来看，大部分团队对于时间的把握是比较好的；但也有部分团队汇报过程稍显仓促，影响了对其作品成果的展示，这是比较可惜的。

专家组成员：余建忠教授级高级工程师
浙江省城乡规划设计研究院副院长

感谢美丽橘乡黄岩为我们提供了这么优秀的设计平台、创作基地。这样的比赛，对双方包括我们黄岩区与"乡村规划与创意设计"竞赛的参赛队伍来讲，都是很好的机遇。

从提交的成果看，无论是方案本身，还是汇报形式，各参赛团队都展现出较好的水平，少数方案成果的规划与设计深度很高。作为大学生竞赛，不同于设计院招投标项目，我认为更应该看重方案本身和方案表现的创意、特色、亮点等。以下四个方面是我评价参赛作品的重要关注点：

（1）创意层面：是否有关注设计对象的自然生态、历史文化、产业特色等要素，并且做出亮点；

（2）表达层面：注重乡土特色，乡村景观与城市景观具有不同的景观特征；在乡村规划与设计中，要求突出乡村本身的乡土元素；

（3）方法层面：坚持从问题导向做设计，如老龄化问题，在设计中兼顾老年人，这一方面，在19个提交的参赛作品中，12号作品在处理居住点的空心化问题上，显得非常老练；

（4）表现层面：制作高品质的汇报ppt、3D动画与成果展板。

稍有遗憾，也有些参赛方案在以上四个方面略有不足，表现比较牵强，手法不成熟。此外，有些方案中对规划与设计的红线问题的（如"农村耕地"、"生态保护"等）处理需要注意。因此，对相关专业的学生在学习与将来实践乡村规划与设计项目时提以下几点建议：

（1）关注村庄发展模式，尤其是不同种类不同风貌的发展；

（2）对于传统村落应该怎么保护？到底应该保护什么？到底怎么发展？到底发展什么？

（3）关注文化发掘，利用文化特色，发掘、构建特色风貌与建筑布局；

（4）关注空间分析，尤其是针对重要的节点和公共空间的设计；

（5）关注人居环境，不同地理环境下的人居环境构建是不同的，如山地、平原、水乡的人居环境特色与构建就大不相同。

专家组成员：许世文总建筑师
浙江省工程勘察设计大师
浙江省建筑设计研究院

建筑与规划是有机的组合体，从2013年到2014年的浙江省乡村规划，到去年2016年12月开始的浙江省小城镇综合整治，规划、建筑，包括景观都是协调发挥作用。从我的经验看，大城市建设追求效率，强调构建现代化城市，忽视了城市特色，出现了比较严重的千城一面的问题。对此，乡村规划应该吸取教训，努力体现特色风貌。从提交的 19 个方案来看，总体不错；我基本上从以下三个角度进行评判：

（1）现状分析：强调对基地本身的分析，总体都不错；

（2）创意表达：注重产业优势、地理环境、文化底蕴，还强调了生态环境，符合价值观；

（3）表现方式：方式多样，包括实体模型、3D 动画等；但是图纸还是最关键的成果，19 个参赛作品中，有一些图纸表现（达）深度不足，有较大的提升空间。

专家组成员：鲁岩副院长

台州市城乡规划设计研究院

作为在一线从事规划设计工作的设计师，从设计院招人用人的角度我简单地谈一谈对竞赛作品的评判标准：

（1）基本功是否扎实，包括成果是否完善、图纸表达是否到位、是否解决了乡村真实、迫切需要解决的问题；

（2）是否形成一村一品，坚持从区域角度进行分析，关注相关资源，关注基础设施；

（3）是否坚持文化的传承，坚持三生融合；

（4）注重汇报能力，在设计院工作，汇报能力很重要，汇报方式要求灵活。

专家组成员：张凌副局长

台州市规划局黄岩规划分局

管理与设计角度不完全相同，从规划管理方面，我从以下 9 个方面对竞赛作品进行评价：

（1）调研要深入，而不是空泛地商讨设计理念；

（2）定位要精准，这一点所有 19 个竞赛作品做得都不错；

（3）注重结构与功能，不能直接进入平面设计阶段，有个别作品这一方面有欠缺；

（4）乡村发展具有差异性，每个村庄发展的特质与路径是不一样的，不能人云亦云；

（5）建筑设计要有理性，少做奇奇怪怪的建筑，建筑设计首要是满足特定人的使用需求；

（6）方案表现要优秀，本次竞赛作品表现都很好，体现出设计团队技能的专业性与全面性；

（7）保持宏观政策高度敏感，如"特色小镇"、"田园综合体"，不要为了所谓"新"而回避；

（8）对安全性的考虑，本次参赛作品中，有部分作品对安全性考虑不周全，比如防台风、防洪水等地域性自然灾害；

（9）规划的严肃性，过程中红线不能触碰，如农村耕地红线、生态保护（水源地）红线等。

乡约黄岩
浙江省第三届黄岩杯大学生"乡村规划与创意设计"教学竞赛作品集

学生作品集 2
STUDENT WORK

浙江工业大学

循辙拾古　酿香留人——黄岩区上郑乡垟头庄乡村规划与创意设计

教师感言：

　　浙江省大学生"乡村规划与创意设计"竞赛是省内建筑、规划学生互相竞技、互相学习的平台，同学们在这次深入实践的竞赛中，无论是对乡村建设的理解上还是图纸的表达上都取得了长足的进步。同学们天马行空的想法、自由活跃的思维与规划村庄的发展困境相碰撞，诞生出许多优秀的方案，让从事规划多年的老师也颇为惊喜。我想，大学生的可贵之处就在于有未被社会磨平的棱角和朝气蓬勃的活力所产生的创造力，而激发同学们的创造力也是创意竞赛的初衷，从这个角度讲，这次竞赛取得了巨大的成功。

团队感言：

　　每个村庄都有自己的痕迹，都是独一无二的瑰宝。而设计就像是在剥洋葱，一层一层地剥离外表、剖析内在，我们有幸在这次设计中慢慢地发现了垟头庄的美丽，参赛过程中和团队同学一起挖掘黄岩村庄的内在人文内涵、探究古村的历史文脉、寻求现代化美丽乡村建设的适宜途径。

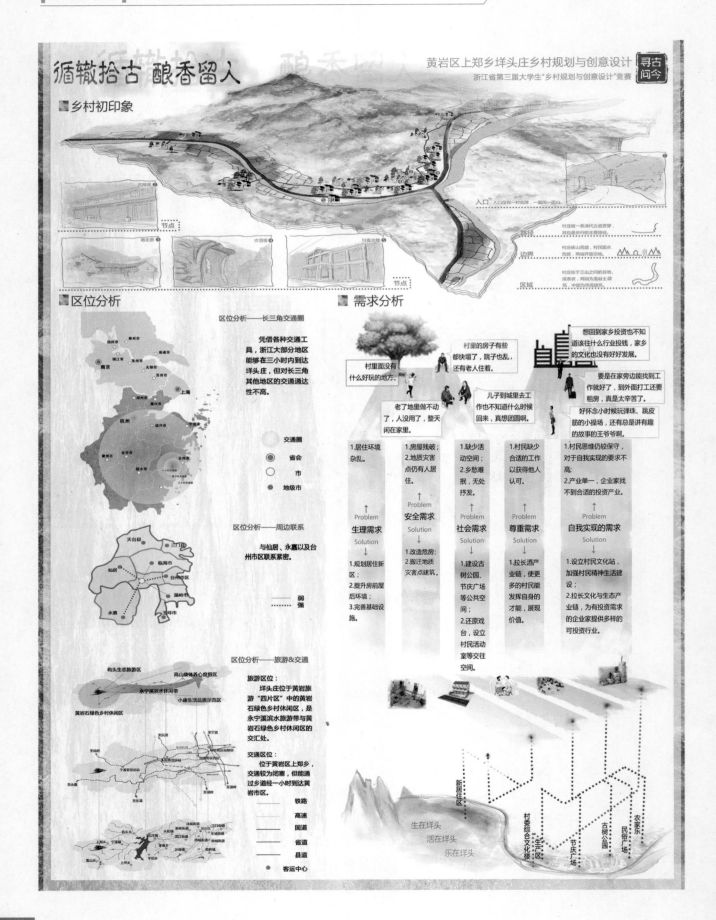

循辙拾古 酿香留人

黄岩区上郑乡垟头庄乡村规划与创意设计

浙江省第三届大学生"乡村规划与创意设计"竞赛

寻古问今

■ 乡村初印象

古排屋

节点

地锯房 古清客 村委大楼

节点

入口：人口仅有一村名牌，一面田一面山。

转折：村庄被一条清代古道贯穿，其也是步行行的主要目的。

边界：村庄依山而建，村民临水而居，两端界即因临。

区域：村庄处于三山之间的谷地。成条状，两端为溪石建筑，中部为传统建筑。

■ 区位分析

区位分析——长三角交通圈

凭借各种交通工具，浙江大部分地区能够在三小时内到达垟头庄，但对长三角其他地区的交通通达性不高。

扬州市 泰州市 南通市

镇江市 常州市 无锡市

南京 苏州市

湖州市 上海

杭州 嘉兴市

绍兴市 宁波市

衢州市 金华市

台州市

丽水市

交通圈

● 省会
○ 市
● 地级市

区位分析——周边联系

与仙居、永嘉以及台州市区联系紧密。

天台县 三门县

仙居 临海市

台州市区

永嘉 温岭市

玉环市

—— 弱
······ 强

区位分析——旅游&交通

屿头生态旅游区

高山康体养心度假区

永宁溪滨水休闲带

小镇生活品展示范区

黄岩石绿色乡村休闲区

旅游区位：
垟头庄位于黄岩旅游"四片区"中的黄岩石绿色乡村休闲区，是永宁溪滨水旅游带与黄岩石绿色乡村休闲区的交汇处。

交通区位：
位于黄岩区上郑乡，交通较为闭塞，但能通过乡道经一小时到达黄岩市区。

—— 铁路
—— 高速
—— 国道
—— 省道
—— 县道
● 客运中心

■ 需求分析

村里面没有什么好玩的地方。

村里的房子有些都快塌了，院子也乱，还有老人住着。

想回到家乡投资也不知道往什么行业投钱，家乡的文化也没有好好发展。

老地里做不动了，人没用了，整天闲在家里。

儿子到城里去工作也不知道什么时候回来，真想团圆啊。

要是在家旁边能找到工作就好了，到外面打工还要租房，真是太辛苦了。

好怀念小时候玩弹珠、跳皮筋的小操场，还有总是讲有趣的故事的王爷爷。

1.居住环境杂乱。	1.房屋残破；2.地质灾害点仍有人居住。	1.缺少活动空间；2.乡愁难报，无处抒发。	1.村民缺少合适的工作以获得他人认可。	1.村民思维仍较保守，对于自我实现的要求不高；2.产业单一，企业家找不到合适的投资产业。
↑ Problem	↑ Problem	↑ Problem	↑ Problem	↑ Problem
生理需求	安全需求	社会需求	尊重需求	自我实现的需求
↓ Solution	↓ Solution	↓ Solution	↓ Solution	↓ Solution
1.规划居住新区；2.提升房前屋后环境；3.完善基础设施。	1.改造危房；2.搬迁地质灾害点建筑。	1.建设古树公园、节庆广场等公共空间；2.还原戏台，设立村民活动室等交往空间。	1.拉长酒产业链，使更多的村民能发挥自身的才能，展现价值。	1.设立村民文化站，加强村民精神生活建设；2.拉长文化与生态产业链，为有投资需求的企业家提供多样的可投资行业。

生在垟头
活在垟头
乐在垟头

新居住区 村委综合文化楼 生产区 节庆广场 古树公园 民俗广场 农家乐

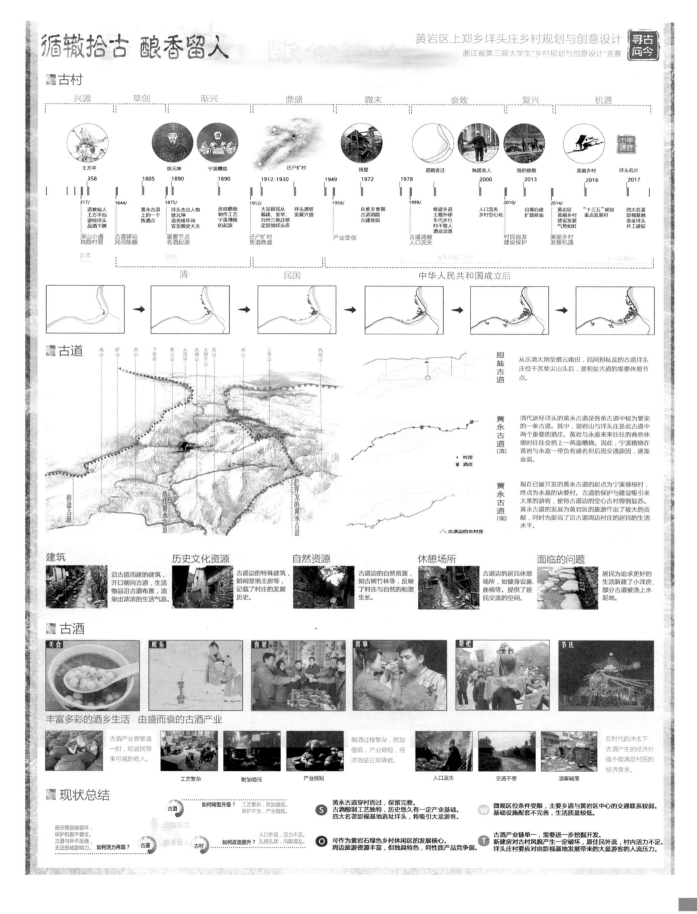

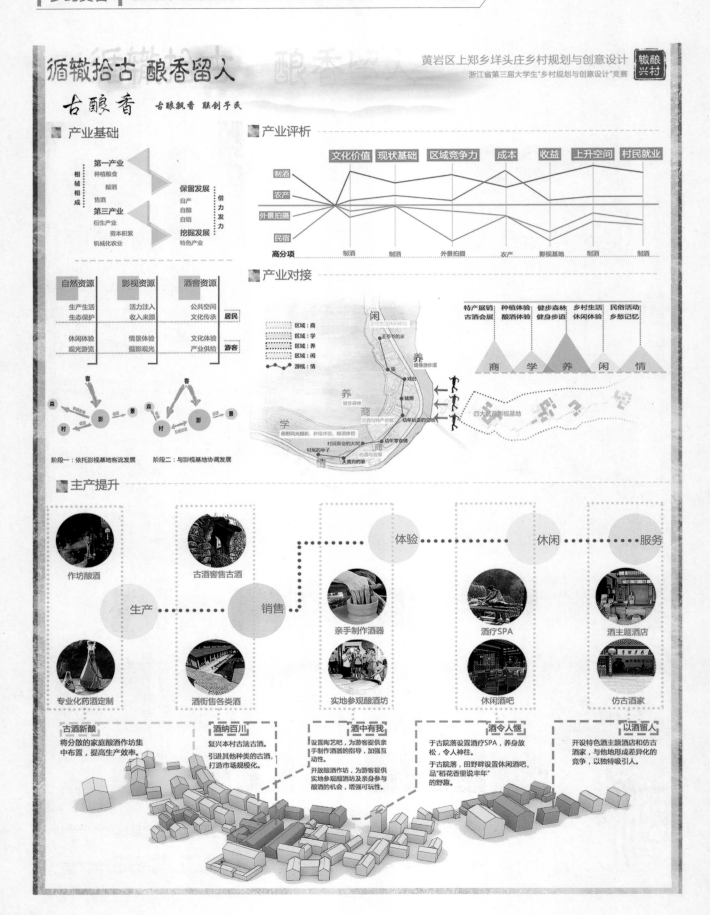

循辙拾古 酿香留人

黄岩区上郑乡垟头庄乡村规划与创意设计
浙江省第三届大学生"乡村规划与创意设计"竞赛

辙酿兴村

古酿香
古酿飘香 联创予民

产业基础

相辅相成

第一产业
种植粮食
酿酒
售酒

第三产业
衍生产业
资本积累
机械化农业

借力发力

保留发展
自产
自酿
自销

挖掘发展
特色产业

自然资源	影视资源	酒窖资源	
生产生活 生态保护	活力注入 收入来源	公共空间 文化传承	居民
休闲体验 观光游览	情景体验 摄影观光	文化体验 产业供应	游客

阶段一：依托影视基地客流发展
阶段二：与影视基地协调发展

产业评析

文化价值 现状基础 区域竞争力 成本 收益 上升空间 村民就业

制酒
农产
外景拍摄
民宿

高分项　制酒　制酒　外景拍摄　农产　影视基地　制酒　制酒

产业对接

区域：商
区域：学
区域：养
区域：闲
游线：情

闲
养
商
学
情

特产展销　种植体验　健步森林　乡村生活　民俗活动
古酒会展　酿酒体验　健身步道　休闲体验　乡愁记忆

商　学　养　闲　情

四大名酒影视基地

主产提升

体验 ··· 休闲 ··· 服务

作坊酿酒
古酒窖售古酒

生产 ··· 销售

亲手制作酒器
酒疗SPA
酒主题酒店

专业化药酒定制
酒街售各类酒
实地参观酿酒坊
休闲酒吧
仿古酒家

古酒新酿
将分散的家庭酿酒作坊集中布置，提高生产效率。

酒纳百川
复兴本村古法古酒。
引进其他种类的古酒，打造市场规模化。

酒中有我
设置陶艺吧，为游客提供亲手制作酒器的指导，加强互动性。
开放酿酒作坊，为游客提供实地参观酿酒坊及亲身参与酿酒的机会，增强可玩性。

酒令人醺
于古院落设置酒疗SPA，养身放松，令人神往。
于古院畔，田野畔设置休闲酒吧，品"稻花香里说丰年"的野趣。

以酒留人
开设特色酒主题酒店和仿古酒家，与他地形成差异化的竞争，以独特吸引人。

循辙拾古　酿香留人

黄岩区上郑乡垟头庄乡村规划与创意设计
浙江省第三届大学生"乡村规划与创意设计"竞赛

辙酿
兴村

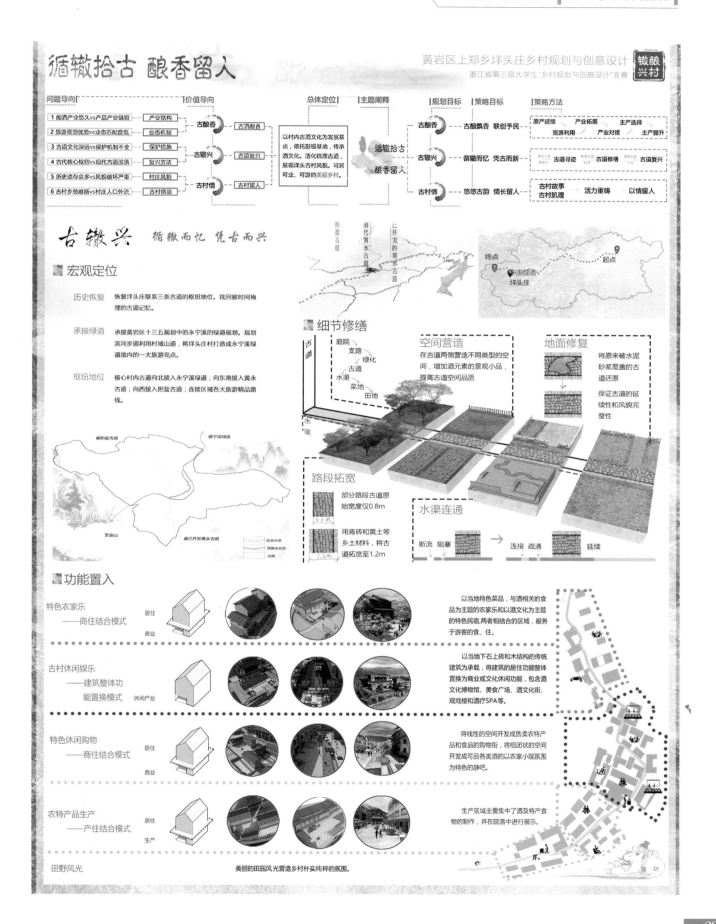

问题导向	价值导向	总体定位	主题阐释	规划目标	策略目标	策略方法

问题导向
1 酿酒产业悠久vs产品产业链短 —— 产业结构
2 旅游资源优势vs业态匹配度低 —— 业态机制
3 古道文化深远vs保护机制不全 —— 保护措施
4 古代核心枢纽vs现代古道没落 —— 复兴方法
5 历史遗存众多vs风貌破坏严重 —— 村庄风貌
6 古村乡愁难除vs村庄人口外流 —— 古村情道

价值导向
古酿香 —— 古酒酿香
古辙兴 —— 古道复兴
古村情 —— 古村留人

总体定位
以村内古酒文化为发展基点，依托影视基地，传承酒文化。活化梳理古道，展现垟头古村风貌。可居可业、可游的美丽乡村。

主题阐释
循辙拾古
酿香留人

规划目标
古酿香 —— 古酿飘香　联创予民
古辙兴 —— 循辙而忆　凭古而新
古村情 —— 悠悠古韵　情长留人

策略方法
原产延续　产业拓展　主产选择　资源利用　产业对接　主产提升
古道寻迹　古道修缮　古道复兴
古村故事　活力重铸　以情留人
古村肌理

古辙兴　循辙而忆　凭古而兴

宏观定位

历史恢复　恢复垟头庄联系三条古道的枢纽地位。找回被时间掩埋的古道记忆。

承接绿道　承接黄岩区十三五规划中的永宁溪的绿道规划。规划滨河步道利用村域山道，将垟头村打造成永宁溪绿道境内的一大旅游亮点。

枢纽地位　核心村内古道向北接入永宁溪绿道；向东南接入黄永古道；向西接入担盐古道；连接区域各大旅游精品路线。

细节修缮

空间营造　在古道两侧营造不同类型的空间，增加酒元素的景观小品，提高古道空间品质。

地面修复　将原来被水泥砂浆覆盖的古道还原。保证古道的延续性和风貌完整性。

路段拓宽　部分路段古道原始宽度仅0.8m　用青砖和黄土等乡土材料，将古道拓宽至1.2m

水渠连通　断流　阻塞　连接　疏通　延续

功能置入

特色农家乐　——商住结合模式　居住　商业
以当地特色菜品，与酒相关的食品为主题的农家乐和以酒文化为主题的特色民宿，两者相结合的区域，服务于游客的食、住。

古村休闲娱乐　——建筑整体功能置换模式　休闲产业
以当地石下砖和木结构的传统建筑为承载，将建筑的居住功能整体置换为商业或文化休闲功能，包含酒文化博物馆、美食广场、酒文化街、观戏楼和酒疗SPA等。

特色休闲购物　——商住结合模式　居住　商业
将线性的空间开发成售卖农特产品和食品的购物街，将团状的空间开发成可品各类酒的以农家小院氛围为特色的静吧。

农特产品生产　——产住结合模式　居住　生产
生产区域主要集中了酒及特产食物的制作，并在院落中进行展示。

田野风光　美丽的田园风光营造乡村朴实纯粹的氛围。

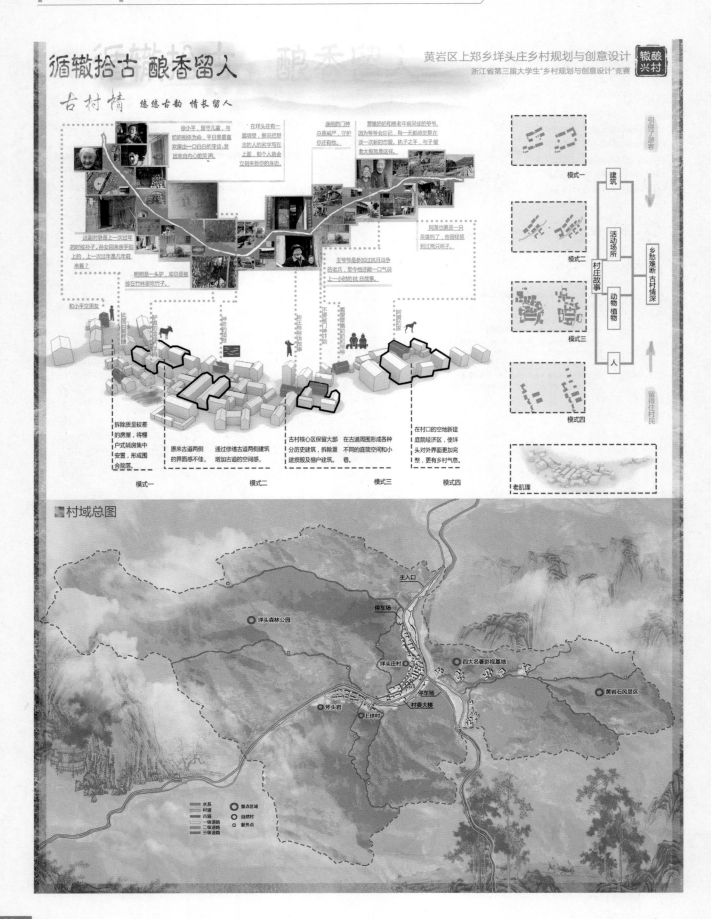

循辙拾古 酿香留人

黄岩区上郑乡垟头庄乡村规划与创意设计

浙江省第三届大学生"乡村规划与创意设计"竞赛

古村情　悠悠古韵 情长留人

■村域总图

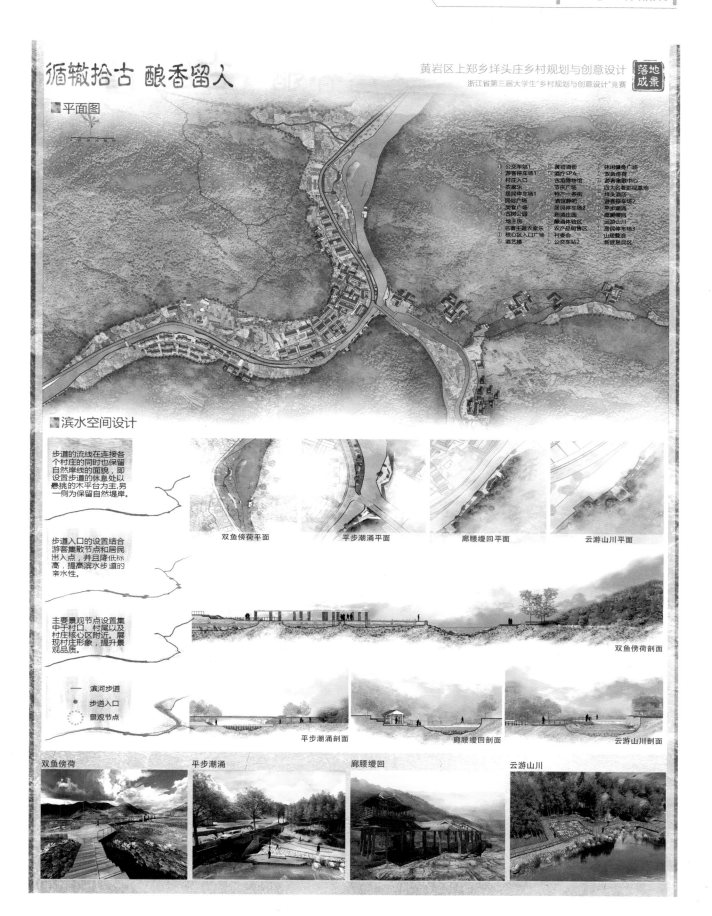

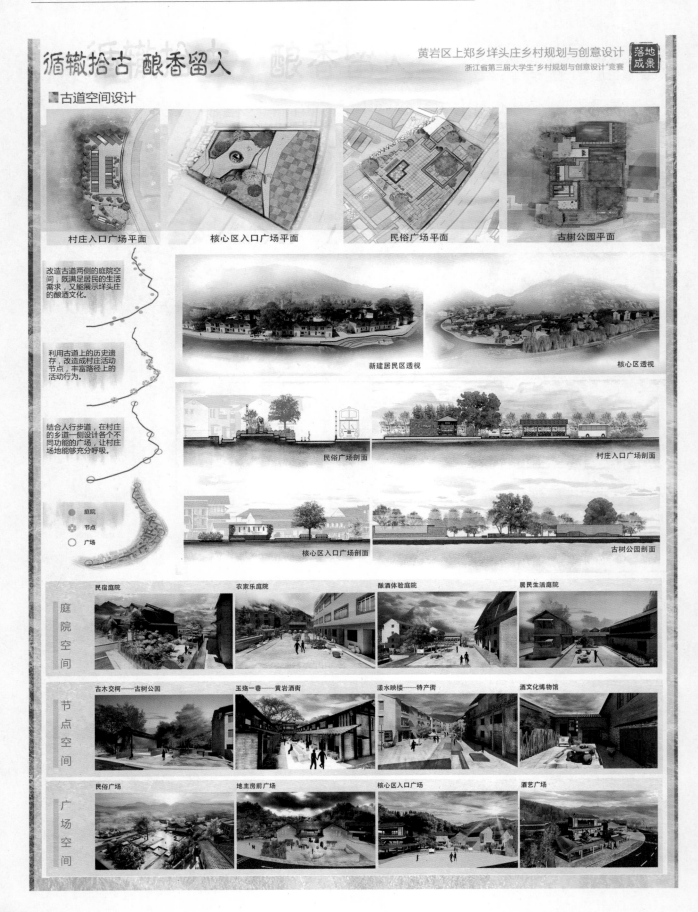

循辙拾古 酿香留人

黄岩区上郑乡垟头庄乡村规划与创意设计
浙江省第三届大学生"乡村规划与创意设计"竞赛

落地成景

古道空间设计

村庄入口广场平面　　核心区入口广场平面　　民俗广场平面　　古树公园平面

改造古道两侧的庭院空间，既满足居民的生活需求，又能展示垟头庄的酿酒文化。

利用古道上的历史遗存，改造成村庄活动节点，丰富路径上的活动行为。

结合人行步道，在村庄的乡道一侧设计各个不同功能的广场，让村庄场地能够充分呼吸。

● 庭院
❀ 节点
○ 广场

新建居民区透视　　核心区透视

民俗广场剖面　　村庄入口广场剖面

核心区入口广场剖面　　古树公园剖面

庭院空间
民宿庭院　　农家乐庭院　　酿酒体验庭院　　居民生活庭院

节点空间
古木交柯——古树公园　　玉鸡一巷——黄岩酒街　　漾水映楼——特产街　　酒文化博物馆

广场空间
民俗广场　　地主房前广场　　核心区入口广场　　酒艺广场

循辙拾古 酿香留人

黄岩区上郑乡垟头庄乡村规划与创意设计
浙江省第三届大学生"乡村规划与创意设计"竞赛

酿香留人

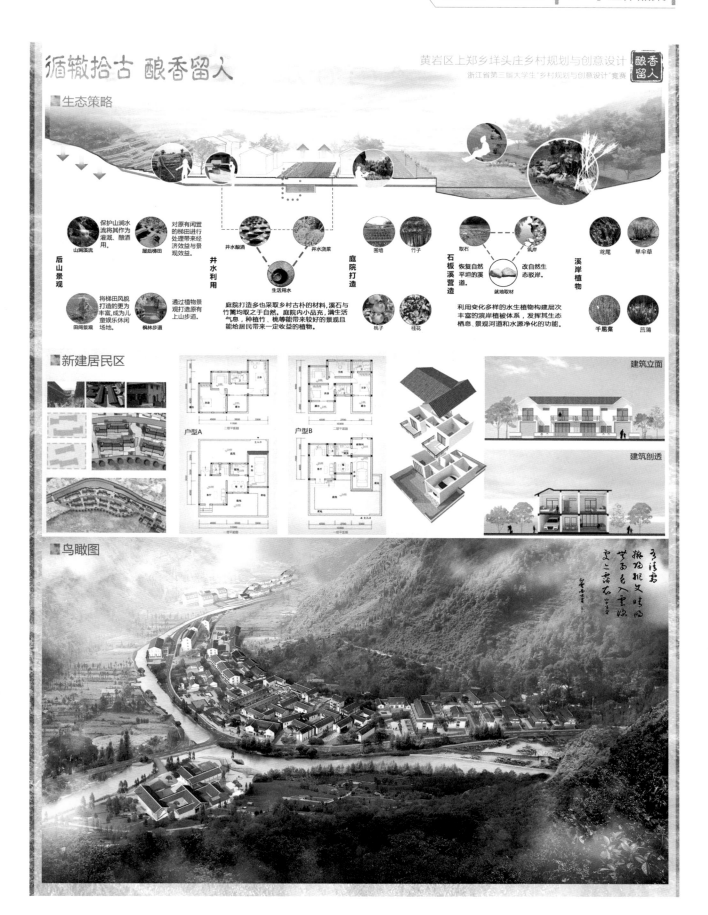

生态策略

后山景观
保护山涧水流将其作为灌溉、酿酒用。
山涧溪流

对原有闲置处理的梯田进行处理带来经济效益与景观效益。
屋后梯田

井水利用
井水酿酒
井水浇菜
生活用水

将梯田风貌打造的更为丰富，成为儿童娱乐休闲场地。
田间景观

通过植物景观打造原有上山步道。
枫林步道

庭院打造
围塘
竹子
桃子
桂花
庭院打造多也采取乡村古朴的材料，溪石与竹篱均取之于自然。庭院内小品充，满生活气息，种植竹、桃等能带来较好的景观且能给居民带来一定收益的植物。

石板溪营造
取石
筑岸
滩地取材
恢复自然平坦的溪道。
改自然生态驳岸。
利用变化多样的水生植物构建层次丰富的滨岸植被体系，发挥其生态栖息、景观河道和水源净化的功能。

溪岸植物
鸢尾
旱伞草
千屈菜
菖蒲

新建居民区

户型A
户型B

建筑立面
建筑剖透

鸟瞰图

浙江工业大学
十里桃花 溪上人家——头陀镇溪上村规划设计

教师感言：

浙江省大学生"乡村规划与创意设计"竞赛既是省内各个建筑院校学生交流、学习的平台，也是规划、建筑、园林、环境艺术等不同专业展示设计思维、专业特色的舞台，更为如今缺乏乡村生活经历的城里大学生提供了深入了解乡村的机会。对于乡村竞赛而言，我认为最重要的有三点：一是要关注乡村生活，从乡村自身资源条件和村民实际生活出发，进行设计思考，也就是我们经常所说的在地设计；二是注重设计逻辑，通过前期的资料收集和实际乡村的深入调研分析，确定一个或几个值得深化的想法或切入点，再进一步探寻其深层次的意义，确立设计观点。竞赛并不追求面面俱到，重要的是设计逻辑的生成过程，并呈现出设计亮点；三是培养团队协作，很多设计项目并不是个人能完成的，需要多人分工合作，团队成员在设计过程中多次的交流、磨合，本身就是一种很好的设计教学方式，指导老师的作用就是把握大方向，让每位成员都能发挥出自己的特长。

团队感言：

乡村对于我们而言是很熟悉的概念，从乡村中来，这次竞赛回到乡村中去。乡村相对于城市，更多的是拥有自己发展的特色。城乡二元结构使得乡村在过去的一段时间内元气大伤，那么如果抓住如今乡村发展的潮流，健康地推进乡村建设，重新焕发乡村新的活力，需要我们共同的探索与努力。乡村建设发展不可能一蹴而就，需要因地制宜，保护乡村独特的面貌，一步一个脚印，才能建设真正的"美丽乡村"。

十里桃花 溪上人家 **The Peach Garden**　　　　　　　　　　　01 场地理解

1.1 背景认知 Site Impression

村了围绕着一片桃花林展开，南村庄设过的地方都能看到它，花盛时，绕着桃花镜过，青年时，本省一批爱多一的爱实老年时，遥步于桃花林中，这便是村落中我们的生活状态。

忆中的乡村是宁静、美丽的、怡人心脾的农房，叹如今，我们的城市在不断膨胀，乡村在不断谈慢，众多化设过大的交失了原有的自然历史风貌，越来越多的年轻人涌并乡村内城市，这便使今的乡村加破败不堪。

面对种种的予盾与冲突，我们如如何保护、化护乡村内有自然风貌，带动乡村的经济发展，使得乡村建宜居化的重复兴旺？

1.2 场地印象 Exsiting Conditions Study

A. 山水

B. 田园

C. 民居

D. 邻里

1.3 初步思考 Project Thinking

🌱 **产业**　产业如何定位和转型？

🏠 **人居**　村民需要什么样的居住环境、居住氛围？

🏛 **文化**　文化风俗如何传承和发扬？

1.4 村落概况 Site Analysis

浙江省台州市黄岩区头陀镇溪上村位于头陀镇北部，东连上汗村，南接漫溪村，西郊横山村，北集山屯村，元同漫溪溪村亮过，家区内有划岩山景区。

全村土地面积3501亩，其中耕地478亩，山林7389亩。全村282户，现有人口849人，下属5个自然村，分别是竹坦、焦山、溪上、岩灰、大车灰。区有水果种植面积50多亩，总产量达100万，几于家家户户种植水果，村中设有大型柑桔种植植地，不保住发展了稳了的农产品体系，也作为旅游景点供游人观览。

项目规定以竹坦、溪上老村为中心的村落区域作为主要规划范围。

1.5 村庄分析 Analysis Of Village

问题1公共设施缺乏

公共设施分布示意图

现状村村入口标态性较差，村民公共活动用地大多位于村口、停车、村民活动用地稀少，分布零散，缺乏联系。

村内的公共设施仅有一个老年活动中心，唯约中心以及养老院。原先的村委会以被拆除，新建村委正处于在建阶段。居民生活缺少多样化的公共空间，包括广场、停车、公共活动区域等，使得居住满意度较差。

问题2 邻里关系破坏

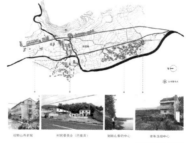

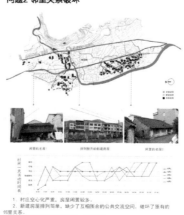

1. 村庄空心化严重，房屋闲置较多。
2. 新建房屋排列简单，缺少了互相围合的公共交流空间，破坏了原有的邻里关系。
3. 村民互相之间的活动交叉少，缺乏交流。

问题3 交通结构不清

村落之间：
村庄的交通主要由两条南北走向的道路联系，其中东侧道路（店划线）是溪上村对外联系的重要道路；而西侧纵向道路主要维持各个村落的联系，但道路过于曲折，将区块分为忍合感较弱的两块地。沿河及田间有小路分布，但不贯通。

各个村落间：
分主路和次路，连通搬家住户，村落间道路肌肌理呈草鱼骨状，但主次不清晰，道路的标示性较弱。

问题4 建筑风貌杂乱

房屋形态风貌层次不齐，新建房屋缺乏当地特色，与环境脱节。

问题5 文化资源薄弱

原有文化资源较少，仅有两座寺庙；传统习俗受到现代文明冲击。

十里桃花 溪上人家 The Peach Garden   01 场地理解

优势1：区位条件优良

■ 整体区位

区位示意图

黄岩区隶属台州市，位于浙江黄金海岸线中部，东界椒江区、路桥区，南与温岭市、乐清市接壤，西邻仙居县、永嘉县，北连临海市，距省会杭州207千米。

头陀镇隶属台州黄岩区，距台州主城区11千米，是连接黄岩区东西部的重要交通枢纽。区位优势突出，永宁江自西向东环流镇西南，元同溪自北向南流入永宁江，82省道延伸线自东至西直达镇西部，临尤线自南向北通往临海。

溪上村位于头陀镇北部，东连上洋村，南接溪东村，西邻横山村，北靠山屯村，元同溪溪流穿村而过，交通便捷。

头陀镇村庄分布图

■ 旅游区位

溪上村旅游区位图

溪上村境内有台州市唯一一个省级风景区——划岩山风景区。景区面积约为11.52平方千米，山地面积占95%以上，景区内山峦起伏，溪流环绕。

溪上村周边还分布有"涝大线"金廊工程、环长潭湖旅游圈、北洋农业特色小镇等旅游线路，可以充分带动其旅游产业的发展。

划岩山风景

优势2：产业发展萌芽

■ 旅游产业

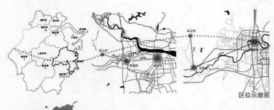

划岩山与溪上村的关系

临近城区和划岩山风景区，拥有较好的区位优势为旅游业发展提供较多的客源。

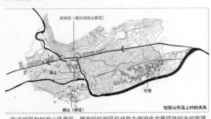

村中有大面积的桃树林以及其他品种的水果种植地，十分有利于民宿的发展和农产品外销。

桃林示意图

现有民宿示意图

老徐农家乐

童缘园民宿

花果山客栈

■ 农产品

茭白

枇树

三叶青种植基地

村中种植有茭白、桃树、杨梅、琵琶等各种水果，此外还有三叶青种植基地，拥有一定的产业基础。

优势3：自然资源丰富

自然资源分布示意图

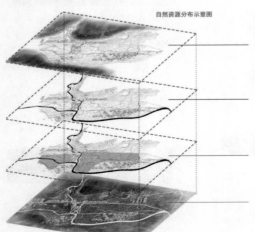

自头陀镇至划岩山风景区，整片区域由山脉所呈现的空间形态呈现收一放一收的形式。项目所在地正好处于所在区域的尾声。

水系南北贯通呈现"Y"字形，水质较好。村内分布有池塘和小溪，为整个村庄增添灵气。

林地较多，并对村落呈环抱态势，农田较少。林地多种有桃树，此外在东西两侧的山丘上还种有其他果树，如琵琶、杨梅。

丰富的自然资源为溪上村的产业发展提供了巨大的上升空间。

1.5 村庄分析 Analysis Of Village

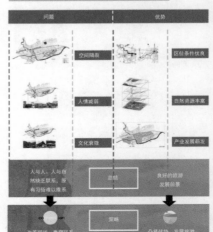

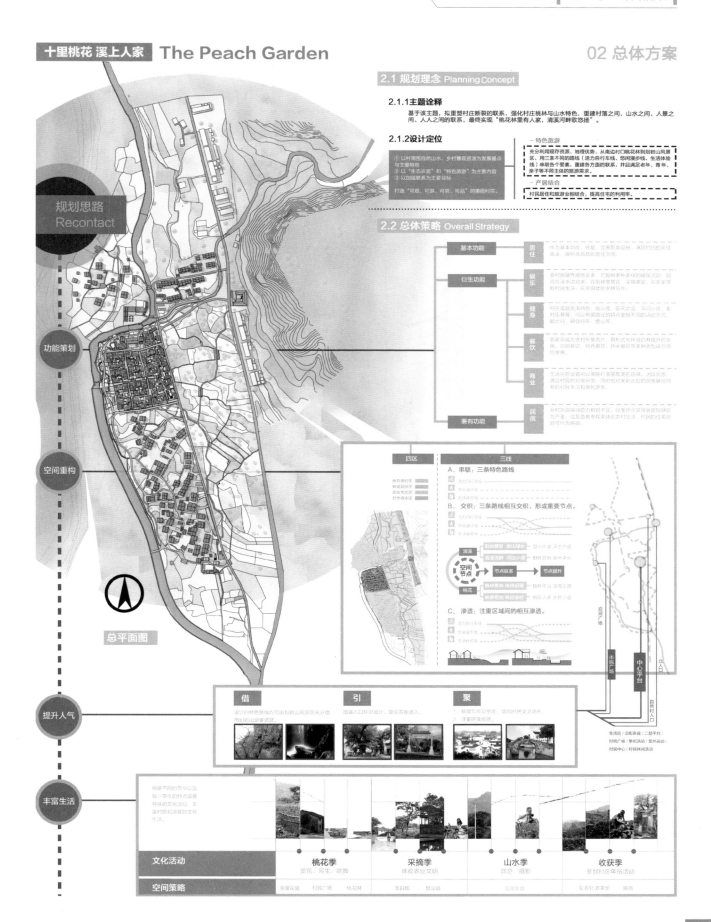

十里桃花 溪上人家 The Peach Garden

2.1 规划理念 Planning Concept

2.1.1 主题诠释

基于该主题,拟重塑村庄断裂的联系,强化村庄桃林与山水特色,重建村落之间、山水之间、人景之间、人人之间的联系,最终实现"桃花林里有人家,清溪河畔歌悠扬"。

2.1.2 设计定位

① 以村南周自然山水、乡村景观资源为发展基点与主要特色
② 以"生态农居"和"特色旅游"为主要内容
③ 以加强联系为主要目标

打造"可观、可游、可赏、可品"的美丽村庄。

一 特色旅游
充分利用现存资源、地理优势,从南边村口桃花林到岩山风景区,用三条不同的路线(活力自行车线、悠闲漫步线、生活体验线)串联各个要素,重建各方面的联系,并且满足老年、青年、亲子等不同主体的旅游需求。

一 产居结合
村民居住和旅游业相结合,提高住宅的利用率。

2.2 总体策略 Overall Strategy

基本功能	居住	作为基本功能,住宅、完善配套设施,满足村民的居住需求,提供高品质的居住空间。
衍生功能	娱乐	乡村提供作为场所众多,可根据各种各样的特色活动,如开展采水迎水,在果林摘果花,在农家体验村民生活,在田园观乐赏鱼池等。
	健身	村庄道路充满特色,如山道、庄间小道、溪间小径、村边游步等,可以根据路径的特色安排不同的活动方式,如步行、骑自行车、登山等。
	餐饮	农家乐作为农村特色著名村,鼓励以环境的有提升环境的客地、自助餐饮、特色餐饮、休闲餐饮等各种形式活动自位发展。
	商业	生活区的设置可以串联村里日常配套生活道、活动广场、河边村用的日常所需,同时相对于来到此处的游客需求有特有的村民生活及便利的商品。
兼有功能	民宿	乡村旅游提供持续的吸引力不足,当乡村的区域需宿民宿结合作为产业,成吸引游客来体验乡村生活,村民的住宅部分可作为民宿。

总平面图

四区　三线

A. 串联:三条特色路线
B. 交织:三条路线相互交织,形成重要节点。
C. 渗透:注重区域间的相互渗透。

空间节点　节点联系 → 节点提升

借　引　聚

文化活动　桃花季　采摘季　山水季　收获季
空间策略

十里桃花 溪上人家 **The Peach Garden**

2.3 规划方案 Planning Scheme

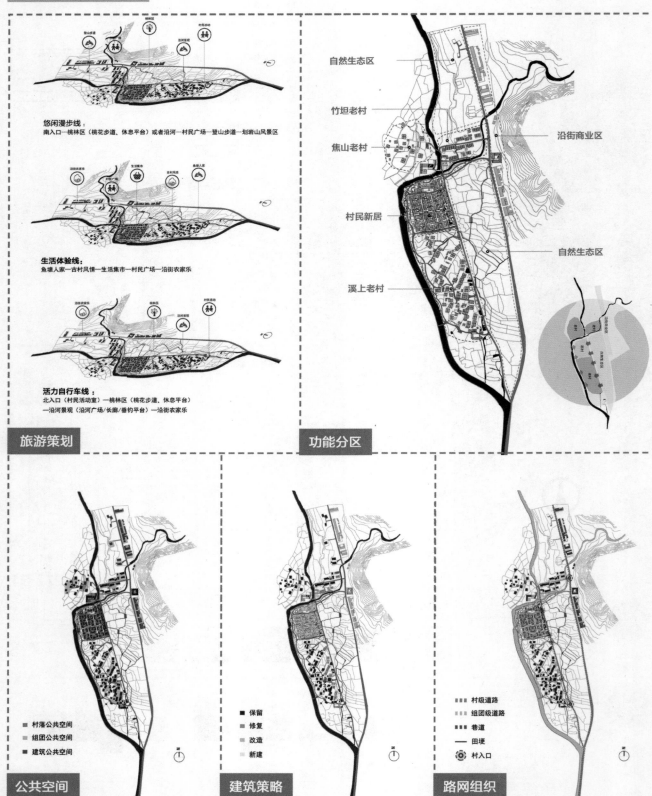

悠闲漫步线：
南入口—桃林区（桃花步道、休息平台）或者沿河—村民广场—登山步道—划岩山风景区

生活体验线：
鱼塘人家—古村风情—生活集市—村民广场—沿街农家乐

活力自行车线：
北入口（村民活动室）—桃林区（桃花步道、休息平台）
—沿河景观（沿河广场/长廊/垂钓平台）—沿街农家乐

旅游策划

自然生态区
竹坦老村
焦山老村
沿街商业区
村民新居
自然生态区
溪上老村

功能分区

■ 村落公共空间
■ 组团公共空间
■ 建筑公共空间

公共空间

■ 保留
■ 修复
■ 改造
■ 新建

建筑策略

▦ 村级道路
▦ 组团级道路
▦ 巷道
— 田埂
◎ 村入口

路网组织

十里桃花 溪上人家 The Peach Garden　　　　　　　03 新区设计

3.1 方案生成 Generating Schemes

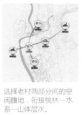    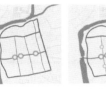 

选择老村两部分间的空闲腹地，衔接桃林一水系一山体层次。

确定桃林为主要景观面道路从桃林向新区渗透。

a 根据景观通方向生成东西向三条轴线，再摆取田埂形态生成道路网街接纬北。

b 区分道路等级 生成人行道路骨架，车行环路。

c 根据当地居民生活需求 生成三种居民户型。

d 在主要步行轴线上生成一级公共空间 作村民休闲停留。

e 新区路网生成二级公共空间 作分局地块间的交流。

f 初步确立组团意识，生成三级公共空间 作组团内交流。

3.2 居住新区总平图 Master Pan　　　　### 3.3 建筑单体设计 Monomer Building Design

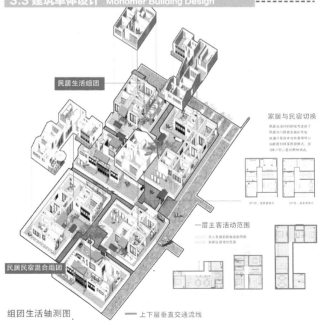

民居生活组团

家居与民宿切换

一层主客活动范围

民居民宿混合组团

组团生活轴测图　　　上下层垂直交通流线

十里桃花 溪上人家 **The Peach Garden**

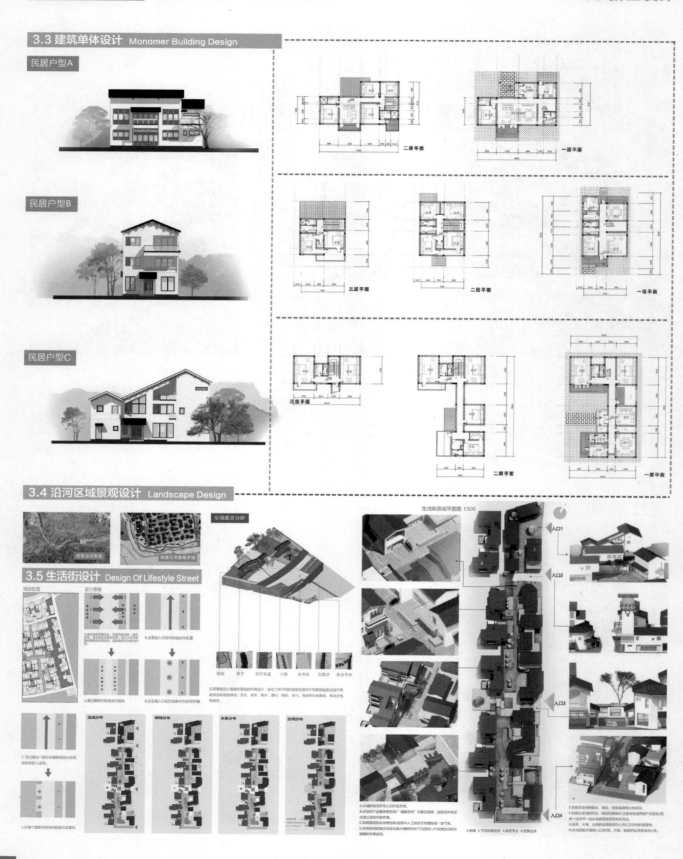

3.3 建筑单体设计 Monomer Building Design

民居户型A

民居户型B

民居户型C

3.4 沿河区域景观设计 Landscape Design

3.5 生活街设计 Design Of Lifestyle Street

十里桃花 溪上人家　The Peach Garden

4.1老村改造 Transformation Of Old Village

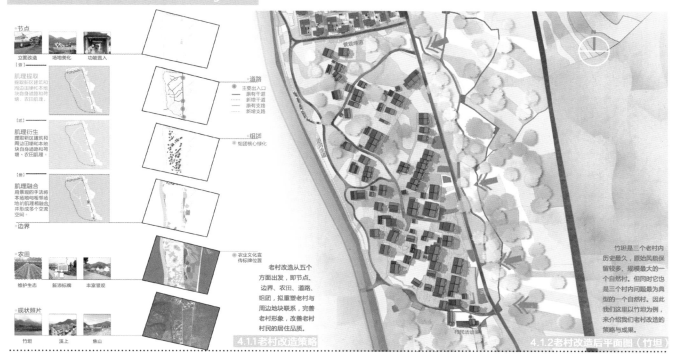

立面改造　场地美化　功能置入

节点

肌理提取
提取新区建筑和周边道路和本地块自身道路和简建、农田肌理。

**【贰】
肌理衍生**
提取新区建筑和周边农田和本地块自身道路和简建、农田肌理。

**【叁】
肌理融合**
用景观的手法将本场地与母相领场地的肌理相融合，并形成多个交流空间。

边界

农田

维护生态　新添标牌　丰富景观

现状照片

竹坦　溪上　焦山

道路
● 主要出入口
—— 原有干道
┅┅ 新增干道
—— 原有支路
—— 新增支路

组团
● 组团核心绿化

● 农业文化宣传标牌位置

老村改造从五个方面出发，即节点、边界、农田、道路、组团，拟重塑老村与周边地块联系，完善老村形象，改善老村村民的居住品质。

竹坦是三个老村内历史最久，原始风貌保留较多、规模最大的一个自然村。但同时它也是三个村内问题最为典型的一个自然村。因此我们这里以竹坦为例，来介绍我们老村改造的策略与成果。

4.1.1 老村改造策略　　　　**4.1.2老村改造后平面图（竹坦）**

4.2老村南入口改造 Transformation Of Enterance

【4.2.1 策略Strategy】

① 以老樟树为核心
创造树下的交流空间

② 打破南侧的围墙
为广场引入桃林的景观

③ 搭建二层大平台
为健身空间提供遮蔽
创造眺望桃林的环境

④ 延伸西侧房屋顶
创造灰空间向桃林延伸
以欢迎的姿态朝向主题

节点改造前后对比 Comparison Before And After Transformation

before　after　before　after

4.1.3改造节点前后对比　　4.2.1改造节点前后对比

十里桃花 溪上人家 **The Peach Garden**   04 老村改造

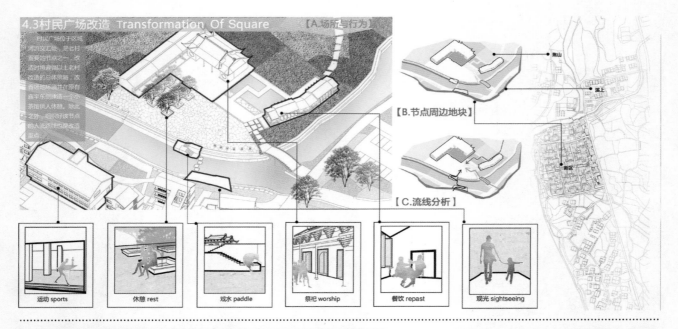

4.3村民广场改造 Transformation Of Square

【A.场所与行为】

村民广场位于区域河流交汇处，是老村重要的节点之一。改造时将着眼以上老村改造的总体策略，改善滨地环境并在原有庙宇东侧塑造一个小茶馆供人休憩。除此之外，组织好该节点的人流流线也是改造重点。

【B.节点周边地块】

【C.流线分析】

| 运动 sports | 休憩 rest | 戏水 paddle | 祭祀 worship | 餐饮 repast | 观光 sightseeing |

节点改造前后对比 Comparison Before And After Transformation

4.5老村农田模型照片 Model Photo

before

after

村民广场
4.2.2改造节点前后对比

4.4原村委会改造 Transformation Of Village Committee

【4.4.1功能布置】

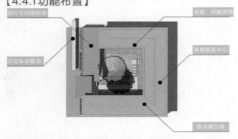

【4.4.2游客中心院落透视】

将原有的村委会改造为新的游客中心，串联起新区、老区与景区。同时新的游客中心整合了公交车停靠点、自行车租借、餐饮服务与咨询服务。

浙江工业大学

岩栖谷隐　归去来溪——上郑乡大溪坑村乡村规划与设计

教师感言：

　　浙江省大学生"乡村规划与创意设计"竞赛已经是第三个年头了，同学们的作品也越来越成熟，年轻人的创造力总能带给我们这些老师别样的兴奋，也非常高兴能有这样一个平台让省内各高校规划专业的学生互相竞技、互相学习，让孩子们有一次深入实践的经历，在心里种下一粒乡村振兴的种子，在未来的神州大地生根发芽，许多年后，当年难忘的经历催生出一个个优秀乡村规划项目，孩子们逐渐成长为能够举起乡村规划这面大旗帜的领军人物，祝愿我们的乡村规划竞赛能有越来越多的学生参与进来，也祝愿祖国的乡村振兴事业生生不息！

团队感言：

　　在这次比赛之前，对于乡村的定义是清晰而又模糊的，只知道它存在的形式，却没有深刻了解它的特质和意义。其实必然的，每一个乡村，都体现着一方独特的民居方式，反映着一种深厚的文化概念。每一个乡村都是特殊且美好的象征，只是或许有些被时间蒙住了面纱、落上了尘埃，而我们可以做的就是掀去她的面纱、拭去她的尘埃，让她的美丽重现世间。这件事情本身就是一件美好而有意义的事，而我们也会在这条道路上持续探索，让乡村更美丽，让城市更美好。

岩栖谷隐 归去来溪

上郑乡大溪坑村乡村规划与设计
RURAL PLANNING AND DESIGN

岩栖谷隐 归去来溪

上郑乡大溪坑村乡村规划与设计
RURAL PLANNING AND DESIGN

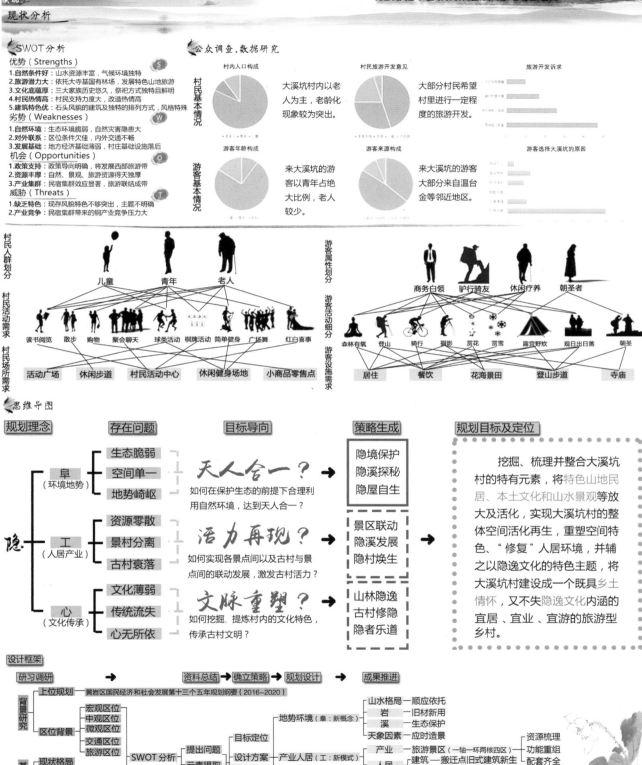

现状分析

SWOT分析

优势（Strengths）
1. 自然条件好：山水资源丰富，气候环境独特
2. 旅游潜力大：依托大寺基国有林场，发展特色山地旅游
3. 文化底蕴厚：三大家族历史悠久，祭祀方式独特且鲜明
4. 村民热情高：村民支持力度大，改造热情高
5. 建筑特色优：石头风貌的建筑及独特的排列方式，风格特殊

劣势（Weaknesses）
1. 自然环境：生态环境脆弱，自然灾害隐患大
2. 对外联系：区位条件欠佳，内外交通不畅
3. 发展基础：地方经济基础薄弱，村庄基础设施落后

机会（Opportunities）
1. 政策支持：政策导向明确，将发展西部旅游带
2. 资源丰厚：自然、景观、旅游资源得天独厚
3. 产业集群：民宿集群效应显著，旅游联结成带

威胁（Threats）
1. 缺乏特色：现存风貌特色不够突出，主题不明确
2. 产业竞争：民宿集群带来的铜产业竞争压力大

公众调查，数据研究

村民基本情况

村内人口构成 — 大溪坑村内以老人为主，老龄化现象较为突出。

村民旅游开发意见 — 大部分村民希望村里进行一定程度的旅游开发。

旅游开发诉求

游客基本情况

游客年龄构成 — 来大溪坑的游客以青年占绝大比例，老人较少。

游客来源构成 — 来大溪坑的游客大部分来自温台金等邻近地区。

游客选择大溪坑的原因

村民人群划分 / 村民活动需求 / 村民场所需求

儿童　青年　老人

读书阅览　散步　购物　聚会聊天　球类活动　棋牌活动　简单健身　广场舞　红白喜事

活动广场　休闲步道　村民活动中心　休闲健身场地　小商品零售点

游客属性划分 / 游客活动细分 / 游客设施需求

商务白领　驴行骑友　休闲疗养　朝圣者

森林有氧　登山　骑行　摄影　赏花　赏雪　露营野炊　观日出日落　朝圣

居住　餐饮　花海景田　登山步道　寺庙

思维导图

规划理念	存在问题	目标导向	策略生成	规划目标及定位

隐

阜（环境地势）：生态脆弱 / 空间单一 / 地势崎岖
→ **天人合一？** 如何在保护生态的前提下合理利用自然环境，达到天人合一？
→ 隐境保护 / 隐溪探秘 / 隐屋自生

工（人居产业）：资源零散 / 景村分离 / 古村衰落
→ **活力再现？** 如何实现各景点间以及古村与景点间的联动发展，激发古村活力？
→ 景区联动 / 隐溪发展 / 隐村焕生

心（文化传承）：文化薄弱 / 传统流失 / 心无所依
→ **文脉重塑？** 如何挖掘、提炼村内的文化特色，传承古村文明？
→ 山林隐逸 / 古村修隐 / 隐者乐道

规划目标及定位： 挖掘、梳理并整合大溪坑村的特有元素，将特色山地民居、本土文化和山水景观等放大及活化，实现大溪坑村的整体空间活化再生，重塑空间特色、"修复"人居环境，并辅之以隐逸文化的特色主题，将大溪坑村建设成一个既具乡土情怀，又不失隐逸文化内涵的宜居、宜业、宜游的旅游型乡村。

设计框架

研习调研 → 资料总结 → 确立策略 → 规划设计 → 成果推进

背景研究
- 上位规划 — 黄岩区国民经济和社会发展第十三个五年规划纲要（2016~2020）
- 区位背景：宏观区位 / 中观区位 / 微观区位 / 交通区位 / 旅游区位

基地分析：现状格局 / 现状建筑 / 现状设施 / 现状民俗

→ SWOT分析 → 提出问题 / 元素提取 → 目标定位 / 设计方案 / 理论案例

- 地势环境（阜：新概念）：山水格局—顺应依托 / 岩—旧材新用 / 溪—生态保护 / 天象因素—应时造景
- 产业人居（工：新模式）：产业—旅游景区（一轴一环两核四区）/ 人居—建筑—搬迁点旧式建筑新生 / 环境—景观良好配套齐全
- 文化归属（心：新内涵）：宗族历史—溯源传承 / 隐逸文化—赋予现代特征

资源梳理 / 功能重组 / 配套齐全

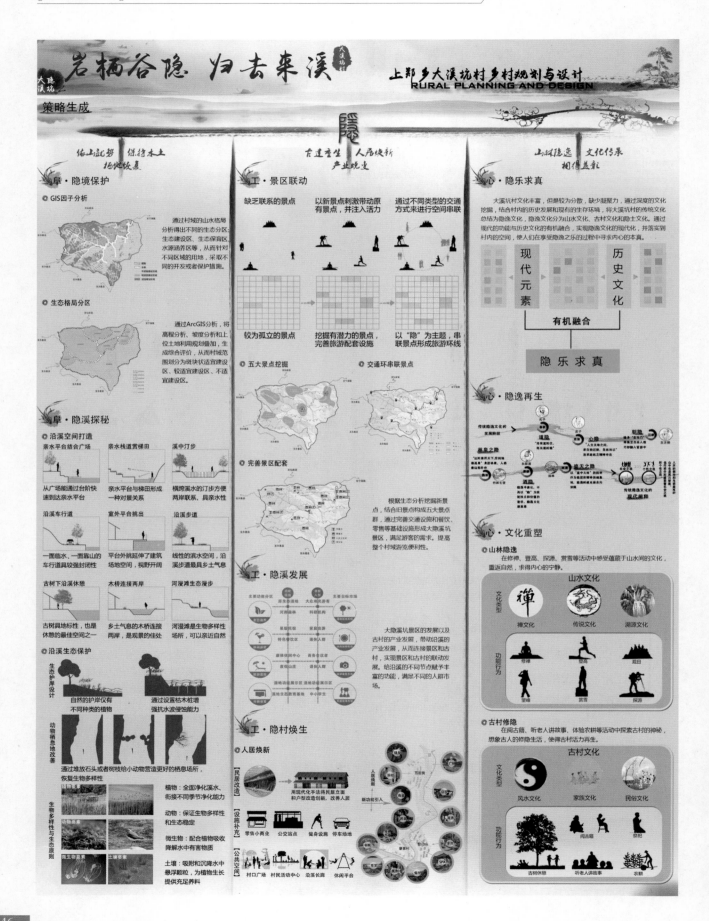

岩栖谷隐 归去来溪

上郑乡大溪坑村乡村规划与设计
RURAL PLANNING AND DESIGN

策略生成

阜·隐境保护

GIS因子分析

通过村域的山水格局分析得出不同的生态分区：生态建设区、生态保育区、水源涵养区等，从而针对不同区域的用地，采取不同的开发或者保护措施。

生态格局分区

通过ArcGIS分析，将高程分析、坡度分析和上位土地利用规划叠加，生成综合评价，从而将村域范围划分为块块状适宜建设区、较适宜建设区、不适宜建设区。

阜·隐溪探秘

沿溪空间打造

亲水平台结合广场
从广场能通过台阶快速到达亲水平台

亲水栈道赏梯田
亲水平台与梯田形成一种对景关系

溪中汀步
横跨溪水的汀步方便两岸联系，具亲水性

沿溪车行道
一面临水、一面靠山的车行道具较强封闭性

室外平台挑出
平台外挑延伸于建筑场地空间，视野开阔

沿溪步道
线性的滨溪空间，沿溪步道最具乡土气息

古树下沿溪休憩
古树具地标性，也是休憩的最佳空间之一

木桥连接两岸
乡土气息的木桥连接两岸，是观景的佳处

河漫滩生态漫步
河漫滩是生物多样性场所，可以亲近自然

沿溪生态保护

生态护岸设计
自然的护岸仅有不同种类的植物

通过设置枯木桩增强减水波侵蚀能力

动物栖息地改善
通过堆放石头或者树枝给小动物营造更好的栖息场所，恢复生物多样性

生物多样性与生态原则
植物：全面净化溪水、衔接不同季节净化能力
动物：保证生物多样性和生态稳定
微生物：配合植物吸收降解水中有害物质
土壤：吸附和沉降水中悬浮颗粒，为植物生长提供充足养料

工·景区联动

缺乏联系的景点
较为孤立的景点

以新景点刺激带动原有景点，并注入活力
挖掘有潜力的景点，完善旅游配套设施

通过不同类型的交通方式来进行空间串联
以"隐"为主题，串联景点形成旅游环线

五大景点挖掘

交通环串联景点

根据生态分析挖掘新景点，结合旧景点构成五大景点群，通过完善交通设施和餐饮、零售等基础设施形成大隐溪坑景区，满足游客的需求。提高整个村域游览便利性。

工·隐溪发展

大隐溪坑景区的发展以及古村的产业发展，带动沿溪的产业发展，从而连接景区和古村，实现景区和古村的联动发展。给沿溪的不同节点赋予丰富的功能，满足不同的人群市场。

工·隐村焕生

人居焕新

[民居改造]
用现代化手法将民居立面和户型改造创新，改善人居

[设施补充]
零售小商业 公交站点 健身设施 停车场地

[公共空间]
村口广场 村民活动中心 沿溪长廊 休闲平台

心·隐乐求真

大溪坑村文化丰富，但是较为分散，缺少凝聚力，通过深度的文化挖掘，结合村内的历史发展和现有的生存环境，将大溪坑村的传统文化总结为隐逸文化，隐逸文化分为山水文化、古村文化和隐士文化。通过现代的功能与历史文化的有机融合，实现隐逸文化的现代化，并落实到村内的空间，使人们在享受隐逸之乐的过程中寻求内心的本真。

现代元素 → 有机融合 ← 历史文化

隐乐求真

心·隐逸再生

心·文化重塑

山林隐逸
在修禅、登高、探源、赏雪等活动中感受蕴藏于山水间的文化，重返自然，求得内心的宁静。

山水文化

文化类型		
禅文化	传说文化	溯源文化

功能行为		
修禅	登高	观日
登峰	赏雪	探源

古村修隐
在阅古籍、听老人讲故事、体验农耕等活动中探索古村的神秘，想象古人的修隐生活，使得古村活力再生。

古村文化

文化类型		
风水文化	家族文化	民俗文化

功能行为		
古树休憩	听老人讲故事	农耕

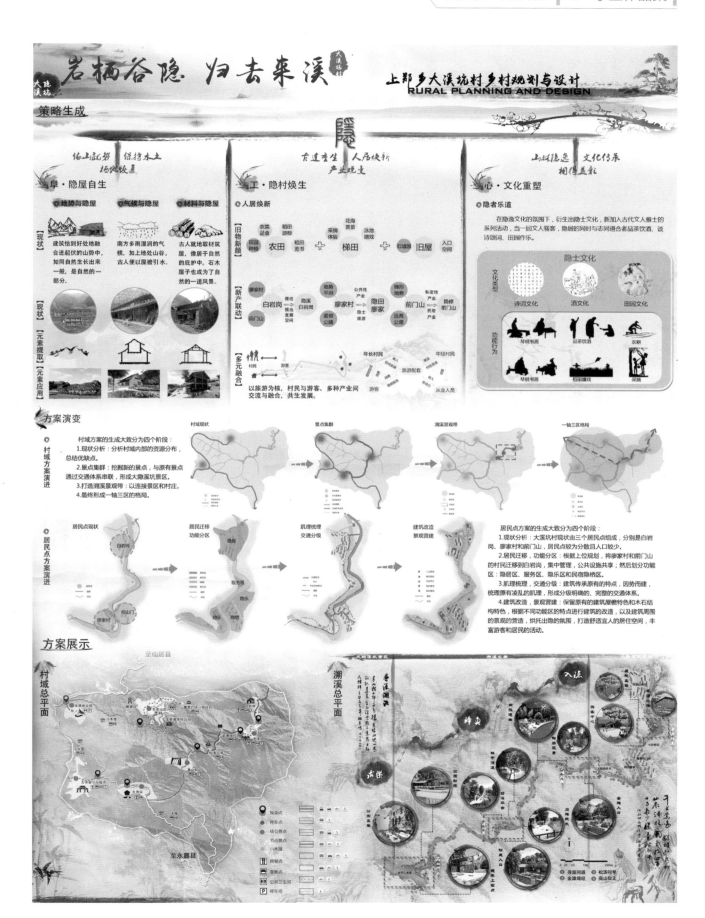

岩栖谷隐 归去来溪

上郑乡大溪坑村乡村规划与设计
RURAL PLANNING AND DESIGN

方案生成
溯溪步道节点设计

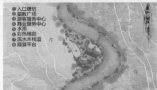

引自宋辛弃疾《一剪梅》：行行问道，还肯相随。文人墨客时时问道，此处为游客服务中心，是溯溪的起点，因而得名"寻源问道"。

引自唐刘禹锡《随室铭》：可以调素琴，阅金经。经书多为各家学派之精华为文人骚客所爱。此处因河滩多"金石"，雕刻经文于其上，故曰"金滩阅经"。

引自唐刘禹锡《陋室铭》：可以调素琴，阅金经。素琴为文人墨客钟爱，优雅古朴的琴声伴随松林，因而得名"松涛问琴"。

引自《诗经》："高山仰止，景行行止。"喻对有修养或有崇高品德之人的崇敬、仰慕之情。此处为"隐逸"文化的延伸。"高山仰止"为溯溪步道之终点，亦为全域旅程之新起点。

生态护岸断面

在水流比较缓慢的地方，放置石头和栽植芦苇等湿生植物便成为很好的设计。

在已经有护岸的地方，通过散置石头、栽植芦苇等等湿生植物形成群落。水边的植被具有消除波浪的作用。

在利用河漫滩的同时，通过散置石头，固定自然木桩涵养边坡水土。

为了各种各样水生、湿生植物的生长，通过层层固定自然木桩使水深结构发生变化。

设计说明：

　　一般来讲，水边的构造越复杂，生态性就变得越多样。由此在注意水深的变化、水岸线的变化、底层地质的变化、流速的变化同时，适时地对植被、底层土壤、石材、木材进行利用十分关键。如整理水边的构造和生物生态环境的关系。

　　栖息地的改善可以从为各类生物营造栖息地着手，主要有堆石法、浚潭法、枯木法等手法。并且这些手法基本都是就地取材，因此是生态的营造手法。

河道生态分析

河道生态分析需要明确当地的各类动植物以及微生物，了解生态循环的基本情况，从而为更好地保护生物多样性、维持生态平衡、治理河道提供充分的理论依据。

生态循环示意图

栖息地改善方法

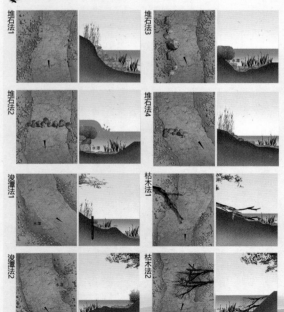

堆石法1
堆石法2
浚潭法1
浚潭法2
堆石法3
堆石法4
枯木法1
枯木法2

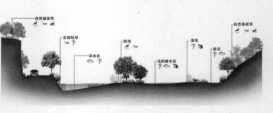

河道断面分析可以更加直观、细致地了解各类生物生存栖息地状况和不同栖息地之间的空间位置。从而为更科学、生态的道路断面设计、护坡设计等提供依据。

生态河道断面图

为了动物的生存、繁殖，河道及其浅水区和河漫滩的水生植物成为要点。根据和水深的关系可分为各种各样的生活型，因此以植物种类多为好，提高河道动植物的生物多样性。

枫杨　花叶芦竹　矮芦苇　芦苇　香蒲　泽泻　慈姑草

水位变动范围

水边林　挺水植物群落　沉水植物群落
　　湿生植物群落　　浮叶植物群落

水生植物配置图

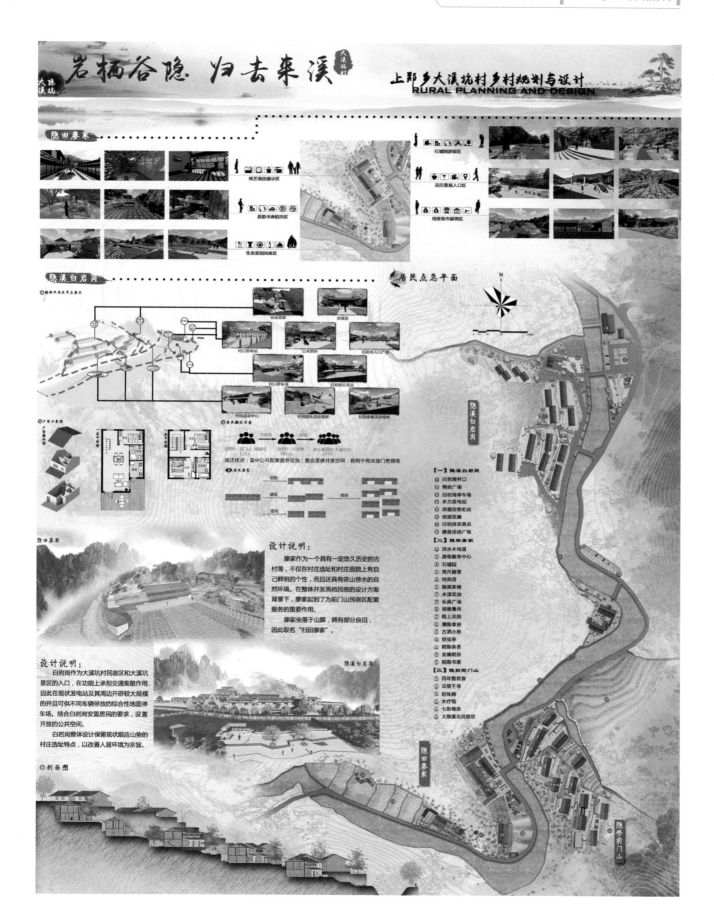

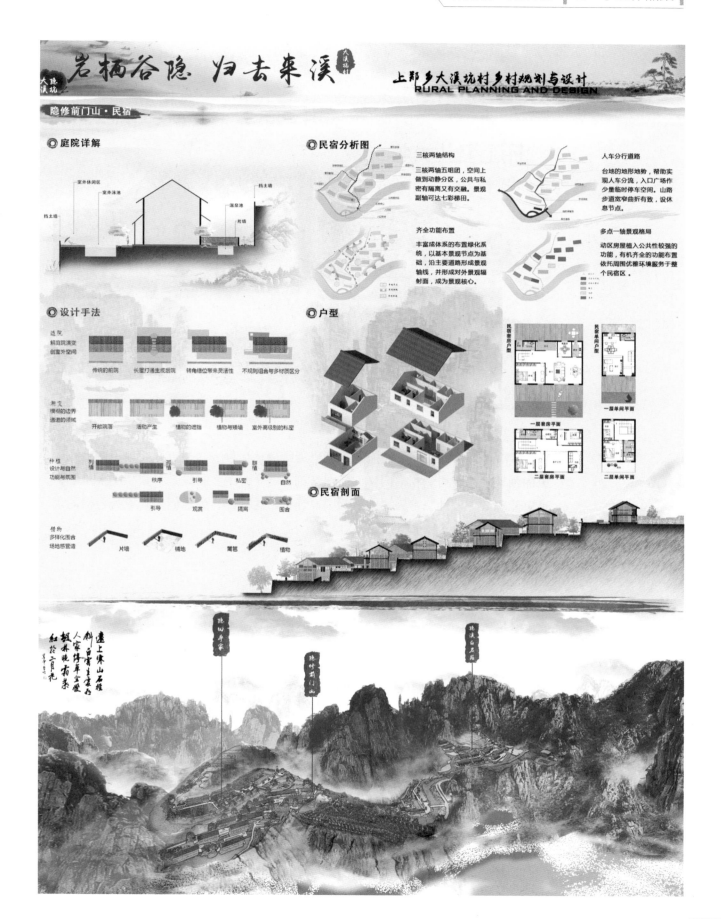

浙江工业大学

小隐隐于市——头陀镇崇法村乡村规划与设计

教师感言：

　　本次乡村设计使同学们能有机会更近距离地接触乡村、更全面地了解乡村、更深刻地理解乡村。相信同学们能够学到，一个好的乡村设计是根植于乡土的，也更能理解"设计"是为"人"的"设计"，这些都将为他们未来成为合格的规划师、建筑师播下种子、打下基础。

团队感言：

　　乡村规划在起初对于建筑学专业的我们是有些陌生和距离的，仅仅停留在课堂上被老师滔滔不绝灌注的理论知识中。然而在这次参加比赛的过程中，越深入越发现，规划于地区、于城市、于乡村、于人有着非常重要的意义。

　　我们的基地位于黄岩崇法村，设计初期，我们就对村落进行了实地调研。崇法村依山而建，风景秀丽，氛围平和宁静，由于未经人们的过多改造，村里的街巷关系仍透露着古时江南的味道。村子里有不少人虽然都选择外出打工，但崇法寺的香火依旧非常旺盛。崇法寺不仅仅是一个举行宗教活动的地点，它还在村子里作为村民们社交活动的场地。我们把崇法寺作为一个着手点，以文脉、宗教文化为根，对村子进行改造。

　　参加这次比赛后，不仅于规划多了更深厚的理解，更重要的是体会到设计是一种解决问题的手段，并且是解决社会问题的重要办法，让人们有所居、有所乐成为我们最大的收获。

小隐隐于市
溯文脉之术，经产业之道，人屯其利焉
头陀镇崇法村乡村规划与设计
RURAL PLANNING AND DESIGN ①

区位背景

项目位于浙江省，正在推进美丽乡村建设工作。是为了更好地保护、传承和利用浙江省历史文化村落的建筑风貌、人文环境和自然生态。

台州位于浙江沿海，以"佛、山、海、城、洞"五景最具特色，宗教历史悠久，寺观教堂和宗教信徒众多，尤其是佛教、道教，在历史上有着重要的地位和影响。

台州黄岩区，位于浙江黄金海岸线中部，东界椒江区、路桥区，南与温岭市、乐清市接壤，西邻仙居县、永嘉县，北连临海市，距省会杭州207千米。

崇法村以崇法寺为中心，离黄岩市区约半个小时车程，每逢佛教节日，头陀镇和黄岩市的信众会结伴前来参加活动。村内有大量的农业用地和少量的木构建筑。

人口背景

崇法村内有在籍人口为317人，但是留在村内的人口仅为在籍人数的1/3，且大多都是老人。产业主要是以农耕为主的第一产业，且大多数农耕用地由于劳动力缺失都已经荒废。空心村状态十分严重，这也是我们在规划设计中需要解决的问题。

建筑条件

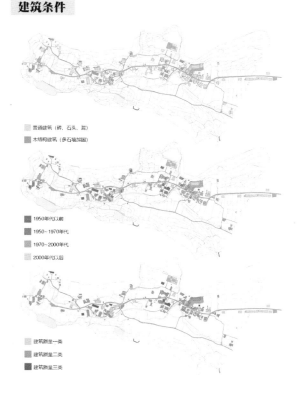

普通建筑（砖、石头、瓦）
木结构建筑（多石墙加固）

1950年代以前
1950~1970年代
1970~2000年代
2000年代以后

建筑质量一类
建筑质量二类
建筑质量三类

传统乡村景观特征

价值取向　　界面处理　　植被造种　　利用小碎石料　　废旧材料的再利用　　就地取材

整体组织

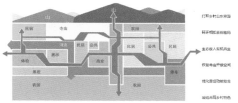

重视村民主体意识，优化村庄整体格局
简化村道，打通巷道；梳理公共空间，下移村庄重心，方便村民生活，促进生态旅游

把握村庄文化价值，扩大宗教影响范围
满足崇法寺祭祀需要，创造村民文化场所；提升宗教核心价值，远瞻村庄发展前景

系统组织农副产品，实现村民自给自足
寻求政府鼓励与支持，推广柑橘，变白品种改良，固定村庄产业，吸引农民回迁

规划分析

1.整体规划结构
PLANNING STEUCTURE

一轴：交通主轴
一带：农耕景观带
四组团
三节点

2.功能分区
FUNCTIONAL ZONING

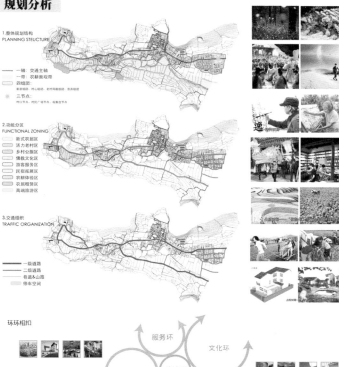

3.交通组织
TRAFFIC ORGANIZATION

一级道路
二级道路
巷道＆山路
停车空间

环环相扣

服务环　　文化环
旅游环　　生态环　　体验环　　居住环

功能复合
多重复合，有机共生
单一而无有机联系

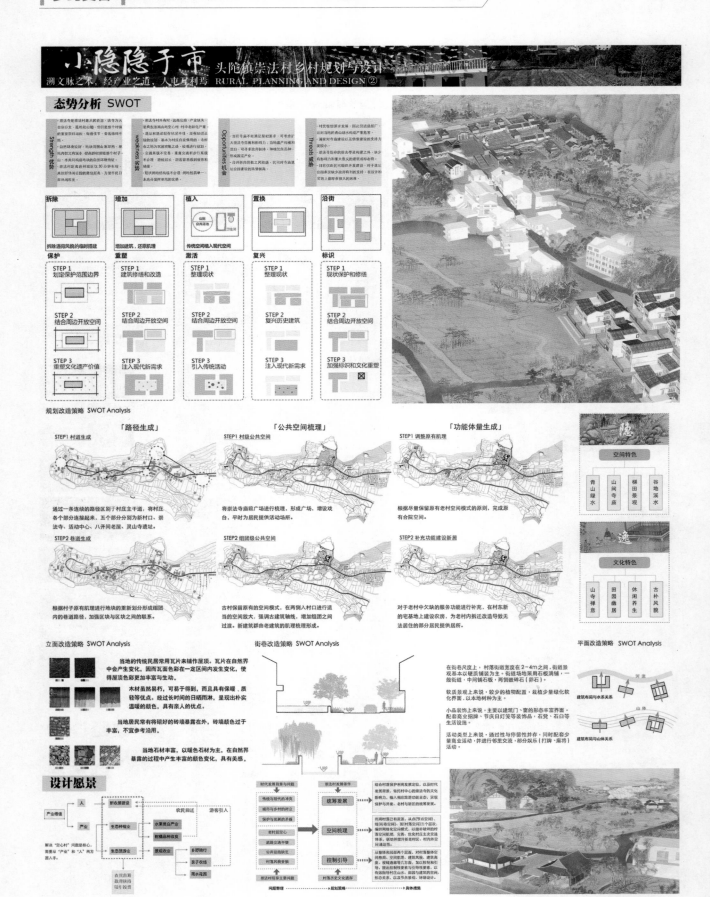

小隐隐于市 头陀镇崇法村乡村规划与设计
溯文脉之本，经产业之道，人市且利焉 RURAL PLANNING AND DESIGN ②

态势分析 SWOT

规划改造策略 SWOT Analysis

立面改造策略 SWOT Analysis

街巷改造策略 SWOT Analysis

平面改造策略 SWOT Analysis

设计愿景

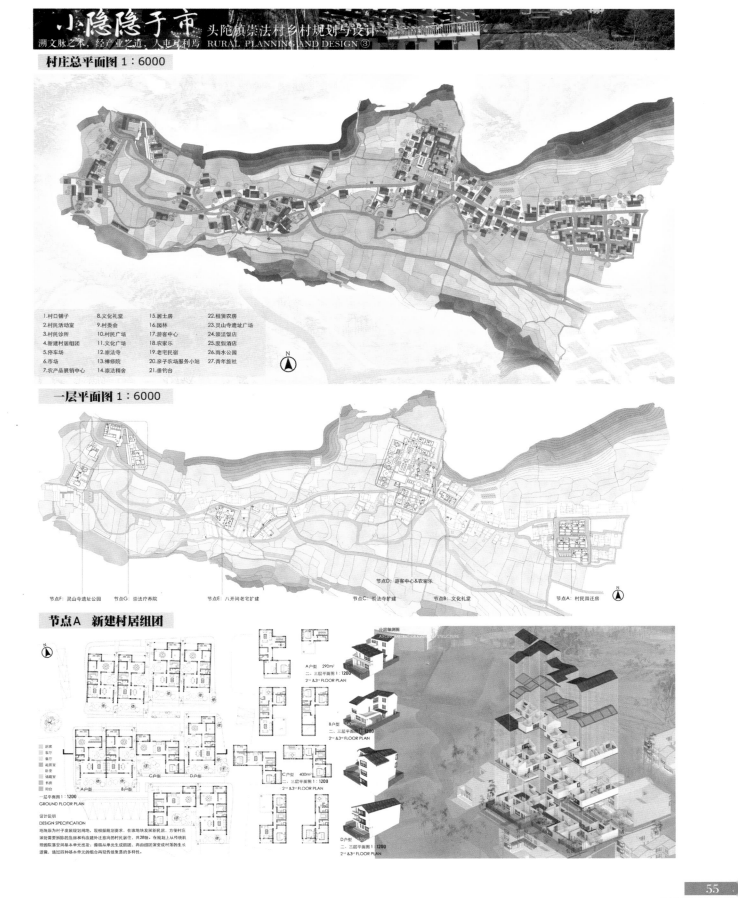

小隐隐于市 头陀镇崇法村乡村规划与设计
溯文脉之本，经产业之道，人市互利焉 RURAL PLANNING AND DESIGN ③

村庄总平面图 1：6000

1.村口铺子　8.文化礼堂　15.居士房　22.租赁农房
2.村民活动室　9.村委会　16.园林　23.灵山寺遗址广场
3.村民诊所　10.村民广场　17.游客中心　24.崇法饭店
4.新建村居组团　11.文化广场　18.农家乐　25.度假酒店
5.停车场　12.崇法寺　19.老宅民宿　26.雨水公园
6.市场　13.禅修院　20.亲子农场服务小站　27.青年旅社
7.农产品展销中心　14.崇法精舍　21.垂钓台

N

一层平面图 1：6000

节点D：游客中心&农家乐

节点F：灵山寺遗址公园　节点G：崇法疗养院　节点E：八开间老宅扩建　节点C：崇法寺扩建　节点B：文化礼堂　节点A：村民回迁房

N

节点A　新建村居组团

N

A户型　290m²
二、三层平面图1：1200
2ⁿᵈ&3ʳᵈ FLOOR PLAN

B户型　340m²
二、三层平面图1：1200
2ⁿᵈ&3ʳᵈ FLOOR PLAN

C户型　400m²
二、三层平面图1：1200
2ⁿᵈ&3ʳᵈ FLOOR PLAN

D户型
二、三层平面图1：1200
2ⁿᵈ&3ʳᵈ FLOOR PLAN

分层轴测图
AXONOMETRIC GRAPHIC STRUCTURE

厨房
客厅
餐厅
起居室
卧室
储藏室
书房
阳台

A户型　B户型
C户型　D户型

一层平面图1：1200
GROUND FLOOR PLAN

设计说明
DESIGN SPECIFICATION
地块属为村子发展规划用地，现根据规划要求，在该地块发展新民居，方便村庄深处需要拆除的危房和有改建外迁意向的村民居住，共28幢。在规划上从传统机理的院落空间出发以基本单元出变，游幢从单元生成组团，再由组团演变成村落的生长逻辑。通过四种基本单元的组合再现传统接续感意的多样性。

小隐隐于市 头陀镇崇法村乡村规划与设计
溯文脉之本，经产业之道，人市互利焉 RURAL PLANNING AND DESIGN ④

节点A　新建村居组团

材料图例
MATERIAL OF INTERFACE

节点大样
WALL DETAIL

南立面图 1：500　SOUTH ELEVATION

北立面图 1：500　NORTH ELEVATION

1-1剖面图 1：500　1-1SECTIONAL DRAWING

分层轴测图
AXIONOMETRIC DRAWING of STRUCTURE

节点B　文化礼堂

三层平面图 1：300
3rd FLOOR PLAN

二层平面图 1：300
2nd FLOOR PLAN

一层平面图 1：300
GROUND FLOOR PLAN

内部空间演变
NTERNAL SPATIAL EVOLUTION

剖面a

剖面c

剖面b

剖面d

设计说明
DESIGN SPECIFICATION
由于美丽乡村的影响，文化礼堂进农村的步伐加快，崇法村地理位置较偏远，因此还没开始这方面的建设。因此，拟在村委会对面设置一处文化礼堂，作为村民集会、活动、文化交往的中心，采用与普通民居相似的体量融入村子，针对不同人群设置多种功能，如阅览室、棋牌室、舞蹈厅、集会厅等，成为村中重要的村民公共建筑。

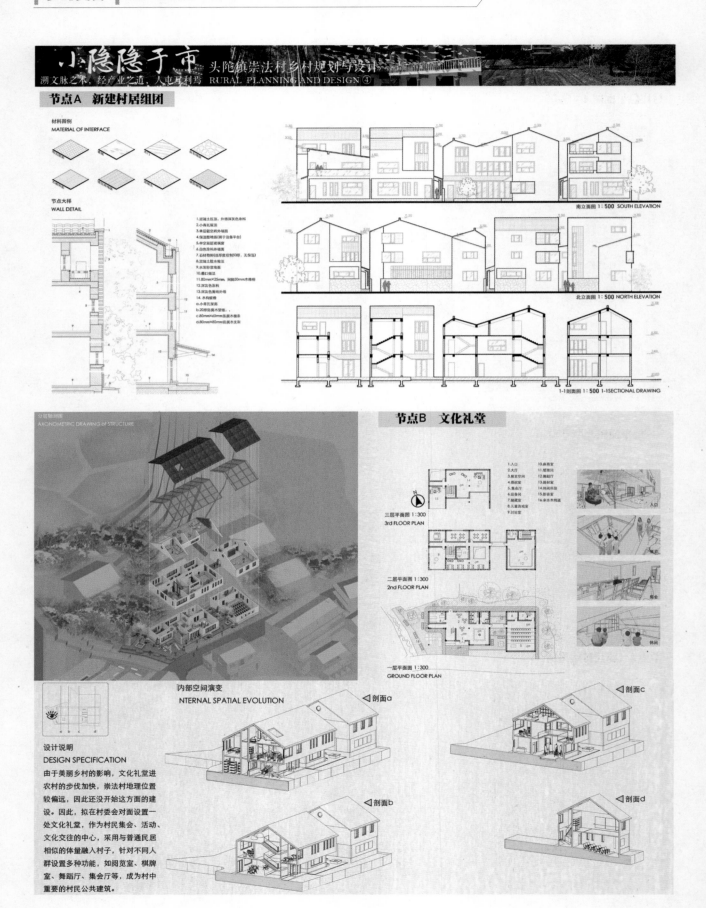

小隐隐于市
溯文脉之本，经产业之道，人屯其利焉
头陀镇崇法村乡村规划与设计
RURAL PLANNING AND DESIGN ⑤

节点C 陈隋古刹——崇法寺拓建

东立面图
EAST ELEVATION

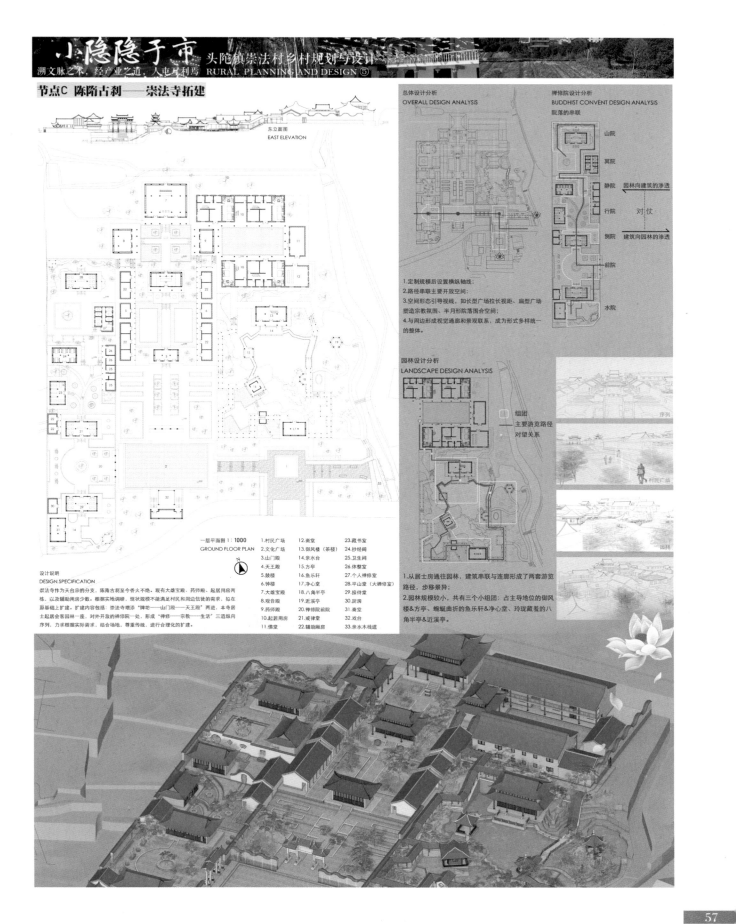

一层平面图 1：1000
GROUND FLOOR PLAN

1.村民广场	12.斋堂	23.藏书室
2.文化广场	13.御风楼（茶楼）	24.抄经阁
3.山门殿	14.亲水台	25.卫生间
4.天王殿	15.方亭	26.休整室
5.鼓楼	16.鱼乐轩	27.个人禅修室
6.钟楼	17.净心堂	28.平山堂（大禅修室）
7.大雄宝殿	18.八角半亭	29.接待室
8.观音殿	19.近溪亭	30.厨房
9.药师殿	20.禅修院前院	31.斋堂
10.起居用房	21.戒律堂	32.戏台
11.像堂	22.辅助用房	33.亲水木栈道

设计说明
DESIGN SPECIFICATION
崇法寺作为天台宗的分支，陈隋古刹至今香火不绝。现有大雄宝殿、药师殿、起居用房两栋，以及辅助用房少数。根据实地调研，现状规模不能满足村民和周边信徒的需求，拟在原基础上扩建。扩建内容包括：崇法寺增添"牌坊——山门殿——天王殿"两进。本寺居士起居会客园林一座，对外开放的禅修院一处，形成"禅修—宗教—生活"三道纵向序列，力求根据实际需求，结合场地，尊重传统，进行合理化的扩建。

总体设计分析
OVERALL DESIGN ANALYSIS
1.定制规模后设置横纵轴线；
2.路径串联主要开放空间；
3.空间形态引导视线，如长型广场拉长视距、扁型广场塑造宗教氛围、半月形院落围合空间；
4.与周边形成视觉通廊和景观联系，成为形式多样统一的整体。

禅修院设计分析
BUDDHIST CONVENT DESIGN ANALYSIS
院落的串联

山院　冥院　静院　行院　侧院　前院　水院

园林向建筑的渗透
对仗
建筑向园林的渗透

园林设计分析
LANDSCAPE DESIGN ANALYSIS

组团
主要游览路径
对望关系

1.从居士房通往园林，建筑串联与连廊形成了两套游览路径，步移景异；
2.园林规模较小，共有三个小组团：占主导地位的御风楼&方亭、蜿蜒曲折的鱼乐轩&净心堂、玲珑藏羞的八角半亭&近溪亭。

序列
村民广场
园林

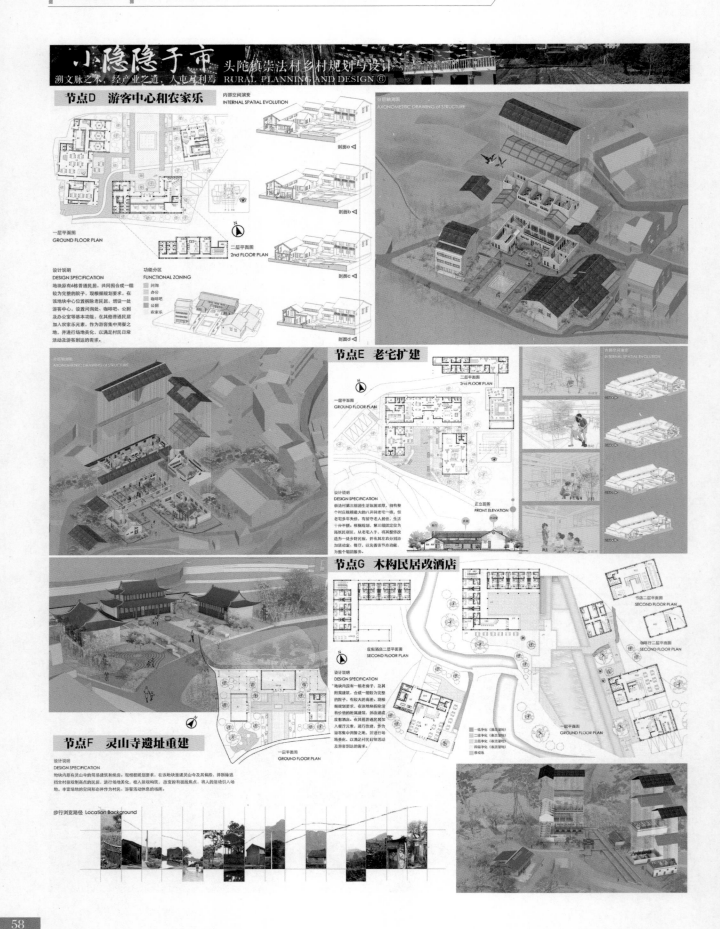

浙江工业大学

橘意再生——美丽乡村下农村发展的新型模式

教师感言：

　　美丽乡村建设是符合农村建设与未来城市发展接轨的趋势，我们连续参加了两届针对乡村建设的学生设计竞赛，通过参赛的全过程，亲身体会到乡村在发展中的很多细节问题，并用学生的专业常识和智慧，尝试解决这些问题，竞赛的过程是"发现问题，并尝试解决问题"的过程，并能通过与乡村当地人的交流，充分发掘利用当地的地域文化特点，为乡村的发展贡献所学。

团队感言：

　　继上一年的乡村规划比赛后，今年的比赛更多得考验了我们的团队协作能力和创新能力，村庄本身独有的特色也让我们在设计过程中有了更多的想法和创新，比赛的过程不算很长，同学们为了比赛认真准备效果图、资料、预想设计说明，这是一个很好的学习状态，我们从中学习了解到的着实难能可贵。困难之处也有，队友们相互帮忙协作，共渡难关，作品的诞生花了不少力气，虽然不算完美，但是这段经历确是为参赛的我们今后的道路增添了不少色彩。

　　此次改造的地点为浙江省台州市黄岩区澄江街道凤洋村，凤洋村离黄岩县城较近，在村支部书记的带领下也已然有所发展，无论是垃圾分类还是美丽庭院的评比，都能体现出新农村的发展。整体参观下来，会有很多想法，也发现了村内的一些问题，比如入口处不够显眼、没有大型的停车场、文化景墙布局不合理等，经过一次次的讨论，我们小组提出了一些整改意见，希望能帮助到凤洋村的发展。

橘意再生
ORANGE TRANCE REGENERATION
美丽乡村下农村发展的新型模式
A NEW MODE OF RURAL DEVELOPMENT IN BEAUTIFUL COUNTRY

针对区域：黄岩市澄江街道凤洋村

公共绿地空间 1

在调研过程中我们发现，村子里几乎没有公共空间。在设计中我们将街边绿地、农业景观与公共休息空间结合。

在这些空间中可以增加更多的社会活动。村民与村民、村民与游客、游客与游客之间彼此交流的机会也越多，重新构建一个更和谐的公共空间。

A-A' 剖面图 　　改造为滨水河道

B-B' 剖面图 　　改造为市集广场

C-C' 剖面图 　　改造为市集广场

交通系统分析 2

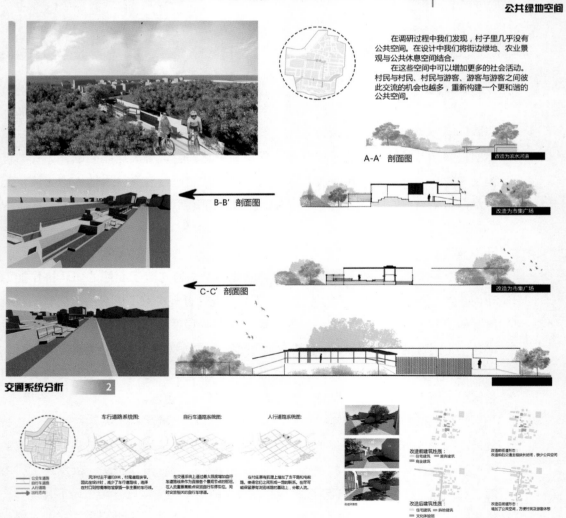

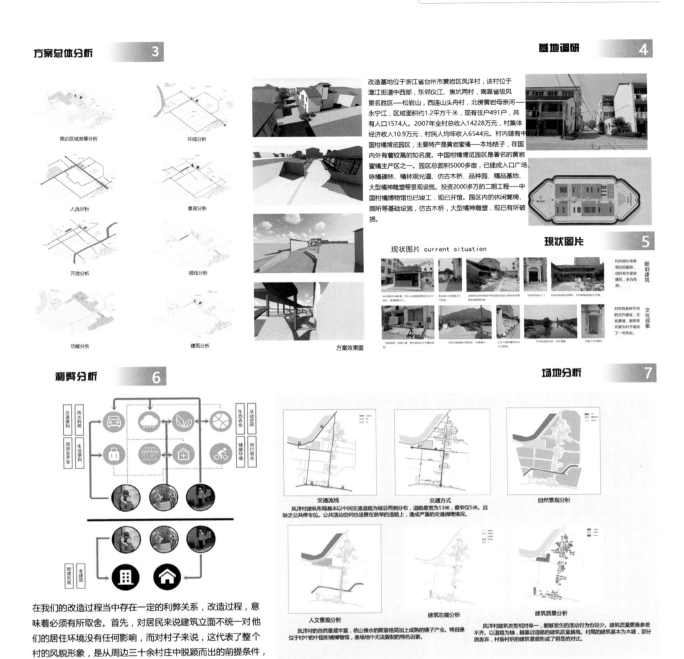

方案总体分析 3

周边区域发展分析　　环线分析

人流分析　　景观分析

开放分析　　视线分析

功能分析　　建筑分析

方案效果图

基地调研 4

改造基地位于浙江省台州市黄岩区凤洋村,该村位于澄江街道中西部,东邻仪江、焦坑两村,南靠省级风景名胜区——松岩山,西连头舟村,北傍黄岩母亲河——永宁江,区域面积约1.2平方千米,现有住户491户,共有人口1574人。2007年全村总收入14228万元,村集体经济收入10.9万元,村民人均年收入6544元。村内建有中国柑橘博览园,主要特产是黄岩蜜橘——本地桔子,在国内外有着较高的知名度。中国柑橘博览园区是著名的黄岩蜜橘主产区之一。园区总面积5000多亩,已建成入口广场、咏橘碑林、橘林观光道、仿古木桥、品种园、精品基地、大型橘神雕塑等景观设施。投资2000多万的二期工程——中国柑橘博物馆也已竣工,现已开馆。园区内的休闲凳椅、厕所等基础设施,仿古木桥,大型橘神雕塑,现已有所破损。

现状图片 5

现状图片 current situation

新旧建筑

文化现象

利弊分析 6

在我们的改造过程当中存在一定的利弊关系,改造过程,意味着必须有所取舍。首先,对居民来说建筑立面不统一对他们的居住环境没有任何影响,而对村子来说,这代表了整个村的风貌形象,是从周边三十余村庄中脱颖而出的前提条件,应当统一。村里内主路宽敞,交通便利,利于旅游业开发;充足的降水对橘业发展有力,生态多样性保存较好,利于生态农业的发展;特色柑橘博物馆,独一无二的柑橘文化;医疗环境较为落后,离大型医院较远,村内缺少活动空间,没有大型市集和集散的场所;村内老龄化严重,缺少年轻劳动力;新老建筑混搭,老建筑根据其位置分布可以有所保留,但大多需拆除重建,以便于村内的发展。

场地分析 7

交通流线　　交通方式　　自然景观分析

凤洋村建筑布局基本以中间交通道路为轴沿两侧分布,道路最宽为13米,最窄仅5米。且缺乏公共停车位。公共活动空间也设置在狭窄的道路上,造成严重的交通拥堵情况。

人文景观分析

凤洋村的自然景观丰富,依山傍水的聚落格局加上成熟的橘子产业,特别是位于村中的中国柑橘博物馆,是场地中无法复制的特色因素。

建筑功能分析

建筑质量分析

凤洋村建筑类型相对单一,能够发生的活动行为也较少。建筑质量更是参差不齐,以道路为轴,越靠近道路的建筑质量越高。村尾的建筑基本为木建,部分则废弃,村前村后的建筑景观形成了明显的对比。

存在问题 8

现状基地存在问题

1. 村口主路宽敞但流线过于单一,路边建筑立面形式少样。

2. 博物馆离村口较远,且博物馆周边场地没有合理利用。

3. 资源没有有效转换。

4. 年轻劳动力不足。

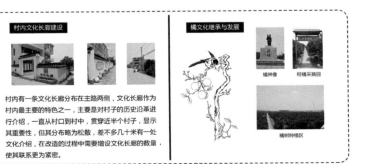

村内文化长廊建设

村内有一条文化长廊分布在主路两侧,文化长廊作为村内最主要的特色之一,主要是对村子的历史沿革进行介绍,一直从村口到村中,贯穿近半个村子,显示其重要性,但其分布较为松散,差不多几十米有一处文化介绍,在改造的过程中需要增设文化长廊的数量,使其联系更为紧密。

橘文化继承与发展

橘神像　　柑橘采摘园

橘树种植区

总平分析 9

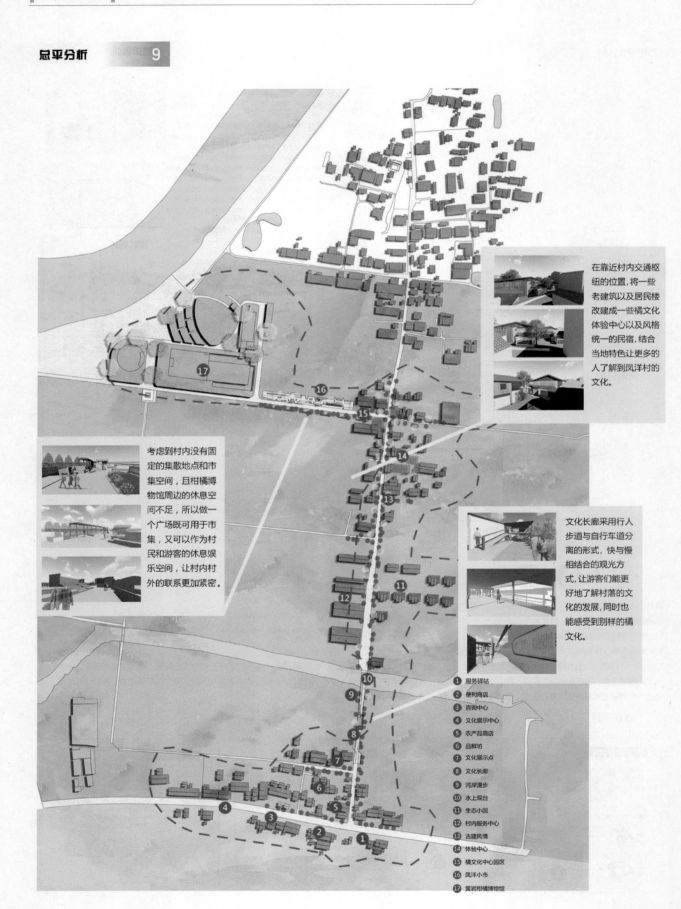

在靠近村内交通枢纽的位置,将一些老建筑以及居民楼改建成一些橘文化体验中心以及风格统一的民宿,结合当地特色让更多的人了解到凤洋村的文化。

考虑到村内没有固定的集散地点和市集空间,且柑橘博物馆周边的休息空间不足,所以做一个广场既可用于市集,又可以作为村民和游客的休息娱乐空间,让村内村外的联系更加紧密。

文化长廊采用行人步道与自行车道分离的形式,快与慢相结合的观光方式,让游客们能更好地了解村落的文化的发展,同时也能感受到别样的橘文化。

① 服务驿站
② 便利商店
③ 咨询中心
④ 文化展示中心
⑤ 农产品商店
⑥ 品鲜坊
⑦ 文化展示点
⑧ 文化长廊
⑨ 河岸漫步
⑩ 水上观台
⑪ 生态小园
⑫ 村内服务中心
⑬ 古建风情
⑭ 体验中心
⑮ 橘文化中心园区
⑯ 凤洋小市
⑰ 黄岩柑橘博物馆

特色分析 **10**

从村子周边建筑布局以及流线，到村中心的一些主要建筑以及流线，到最后村子的核心建筑柑橘博物馆，一层层流线引出最终的博物馆。

整体来看，博物馆处在凤洋村西北方向，必须经由居民区，或通过采摘园能到达，在沿路必须增加一些功能性的设施，丰富沿路的景观，层层递进最后引出博物馆。

文化长廊、体验馆、民宿以及市集的改造能使整个村内"活"起来，让村子的面貌焕然一些，也能让原本枯燥无味的农村生活变得丰富多彩，不仅可以提供游客们参观学习，也可以使村内住户学习一些知识，让每个村民都能成为村子的主人。

11 文化长廊

设计范围

凤洋村村落识别导向弱，无法快速地让外界定位其文化内涵，所以在范围内建立一个文化展示空间，能展现凤洋村的文化底蕴。同时作为村民和游客的休息娱乐空间，欣赏一望无际的橘林以及远处高低起伏的小山丘。在南北道路上丰富空间变化，让村内和村外联系更加紧密。

凤洋村村史介绍点比较少且不集中，难以让游客获知村落的历史文化脉络。

凤洋村公共休息空间建筑形式单一，没有村落文化特色。

凤洋村主干道宽敞，缺少一个聚集公共空间，作为村民休息闲谈的场所。

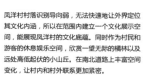
骑行柏油路

游客步行平台

文化展示墙

文化廊架

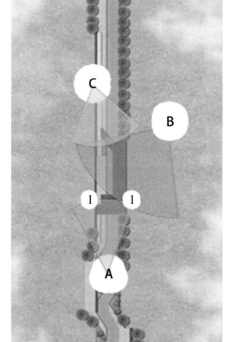
视线分析图

1-1剖面图

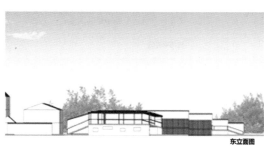
东立面图

方案效果图A

方案效果图B

方案效果图C

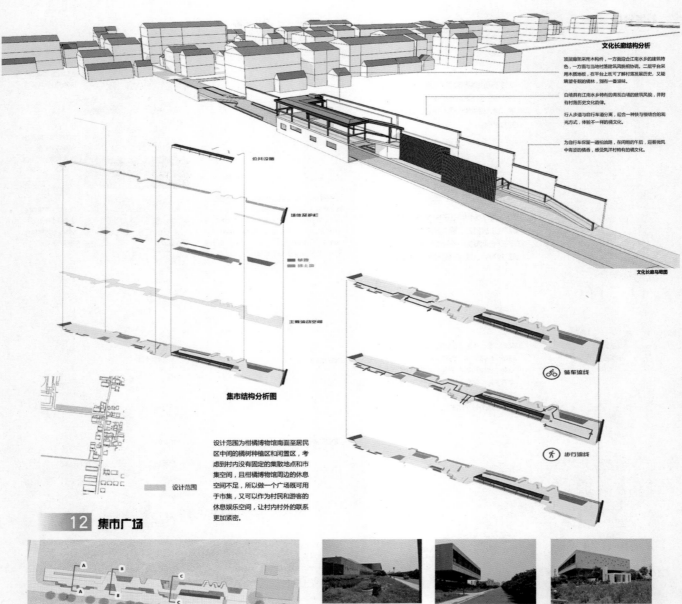

文化长廊结构分析

顶层屋架采用木构件，一方面迎合江南水乡的建筑特色，一方面与当地村落建筑风貌相协调。二层平台采用木质地板，在平台上既可了解村落发展历史，又能眺望冬天的橘林，别有一番滋味。

白墙具有江南水乡特有的青瓦白墙的建筑风貌，并附有村落历史文化韵律。

行人步道与自行车道分离，迎合一种铁与银结合的观光方式，体验不一样的橘文化。

为自行车保留一道相伴的路，在闲暇的午后，迎着微风中青涩的橘子，感受风井村特有的橘文化。

文化长廊鸟瞰图

公共设施

墙体及护栏

草坪
混凝土墙

主要流动空间

集市结构分析图

骑车流线

步行流线

设计范围为柑橘博物馆南面至居民区中间的橘树种植区和闲置区，考虑到村内没有固定的集散地点和市集空间，且柑橘博物馆周边的休息空间不足，所以做一个广场既可用于市集，又可以作为村民和游客的休息娱乐空间，让村内村外的联系更加紧密。

设计范围

12 集市广场

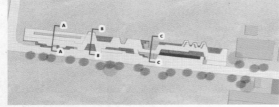

集市平面图

设计场地位于柑橘博物馆东边的草地和部分橘树种植区，与中国柑橘博物馆密切联系。

居民区和博物馆距离较远，且村内休息空间不足，没有市集，需要一个适合居民日常生活和游客观光休息的广场。

博物馆东边这块场地空旷，视野开阔，是博物馆和居民区联系的枢纽。

集市效果图1

集市效果图2

集市效果图3

A-A剖面图

B-B剖面图

C-C剖面图

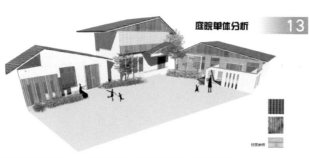

庭院单体分析 13

在庭院设计中，在满足一定村民功能需求的同时，通过传统手工艺作坊、手工艺制品制作（橘灯）及对橘子文化的展示来提高村民收入，吸引外出者返乡，建立属于村庄本身的独特旅游文化风貌。

15

文化	社会	经济	生态
CULTURE	SOCIAL	ECONOMIC	ECOLOGY
文化认同	城乡整合	就业机会	生态可持续
文化共享	公共资源利用	种植业发展	生态意识教育

庭院产业

庭院产业以第三产业为主，包含民宿体验、村庄文化、柑橘种植等，从文化上达到宣传凤洋村村文化的目的，又为村庄经济可持续、生态可持续发展提供保障。

庭院建造的主要材料为瓦片、木材及石砖，结合光线营造一种具有活力及热烈的氛围。体验馆活动区主要设有传统手工艺作坊、手工艺制品制作（橘灯）及对橘子文化进行展示活动的两层建筑，以古建为基础进行外立面的改造，保持原有的建筑体量，增加村庄特有的文化氛围。

庭院效果图 14

作为半开放空间，一方面作为院子的分界线，一方面又方便村民观赏及交流。

院墙

餐厅

院内种植

利用局部小空间进行小面积种植，不仅可以补给家用，同时还可以作为观赏以及租赁。

农场餐厅作为体验区的一个基本功能模块，既满足该区域对于吃穿住行之中的"吃"的需求，又能保证村民在该区域的正常生活，作为餐厅，其原材料的可视化也让村庄的自然魅力得到了实现。

步道及节点透视

农场餐厅 16

庭院区块 17

该设计区域位于村庄古建的集中区域，作为体验区的主要活动场地，该区域的古建提供了先天优势，为该区域营造了很好的文化氛围，参观者可在这片区域最大程度地了解凤洋村的历史人文，除了字面的理解，更有活动体验的场所可供休憩游玩。地理位置上离村中的农场餐厅距离合适，是村中休闲娱乐的重要区块。

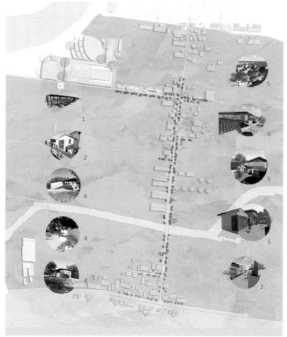

中国美术学院

复山水，刻艺心——黄岩白鹤岭下版画艺术村

教师感言：

近两年来，越来越感觉乡村的环境面貌比以前改善、提升了很多。走得多了，看到同样风格的亭子、构件、白墙黛瓦的建筑形式或者经常出现在大街小巷路边的素石挡土墙，在风马牛不相及的地方出现，总会有些担忧，乡村独有的特质会不会为了复原而复原乡土文化，从而就此被程式化的设计手法和现代化的建造技术所同化和覆盖。

我始终认为，设计师来到乡村，需要一双发现乡村美的眼睛，需要一种融合"设计意境"与"建造技艺"的能力，在乡村固有的基底上重塑现代田园生活。设计意境的找寻，需要在实地感知乡村的山、水、田、林、居，感知人的空间行为需求，用双眼来捕捉村庄最具特色的细微片段，起承转合、移步换景，创造美好生活的田园意境。

团队感言：

黄岩是一个美丽的地方，参与这次乡村规划，让我看到的是黄岩村镇最细微的一面。作为传统建筑群落，村落在现代建筑中也具有不可或缺的作用。它与自然的关系是最为紧密的，展现出来的面貌是传统的、深层的、亲切的。研究这些，让我们从城镇的繁华、忙碌中退出到自然中去感悟几年前甚至十几年前的我们。因此我们认为，现代的改造不应是对传统自然的摒弃，而是在其基础上发挥其内在美。考察中，领略到白鹤岭下村的淳朴美丽，但现代元素和村落本身的样子不相协调，让我们感到需要改造设计的地方不少。我们一直秉持着保留乡村美感的信念，让传统的美继续发扬。

褪山水，刻藝心

黃岩白鶴嶺下版畫藝術村

区位分析：

白鹤岭下村位于浙江省台州市黄岩区宁溪镇，是黄岩进入宁溪镇的第一个村。村庄地理位置优越，依山傍水，三面环山。由于这里前有良田郁郁葱葱，后有山脉连绵起伏，所以吸引了大量的白鹤在此筑巢安家。同时是著名版画家顾奕兴的家乡。岭下村周边有蒋家岸村、水闸头村、茶园村、春建村，人好，天蓝水清，空气好，山清水秀。与宁溪镇其他村庄临近，沟通便利。

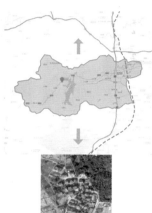

村庄现照：

村庄分析：

人口 633
收入 4370
降水 1519

版画艺术
岭下村有本地地出生的著名版画家顾奕兴，在岭下村成立版画工作室，创作了大量描绘岭下村景色的版画作品。现在去岭下村，可去文化礼堂参观顾奕兴的版画作品，感受艺术的氛围。

农业生态
本地民风淳朴，主要以农林业为主。农业生产主要以种植水稻和蔬菜为主，本地还有特色农作物番薯，番薯盛产为当地的特色，当地有适宜的优良种植条件。

灯会传统
岭下村有手工做彩灯的传统，年关将近之时，岭下村过年的气氛浓郁，灯结满村而过，直声长灌水库，阁有良田郁郁葱葱，后有虽极山连绵起伏，此地有白鹤存活，故命名为"白鹤岭下村"。白鹤的到来使村庄更加神乐兀。

风景秀美
地理位置优越，依山傍水；岭下溪、表白溪、灰螺增曾村而过，文化礼堂内的小舞台，被全村男女老少围得水泄不通。

问题分析：

道路及公共空间：
道路的机动车道、非机动车道、步行道、绿化带以及宅前空地相互混杂，没有明确的分区设计，公共休闲节点空间杂乱无序，被机动车和建筑垃圾占用，无法形成有序的休闲空间。

建筑面貌：
整齐划一的楼房，形式单一、体量庞大、长宽比例控制不佳、平整单调，破坏村庄尺度和格局；整体风格模糊，建筑水平参差不齐。建筑新旧程度不一，部分破旧不堪。

沿溪界面：
沿溪景观没有得到有效利用，缺少绿化景观，护坡形式单一破败，栏杆、路灯形式风格突兀，景观层次单一，同时沿溪建筑的混乱状态对景观产生破坏。

特色解读

版画特色

特色村——
后工业时代，工作与生产模式在改变，区位因素随之调整，工作与生活地点分离的传统观念不再合理。
因此，社会与自然充分融合的特色村庄积极地迎合了当下的社会的需求。

山水与人，一刻一生。版画家顾奕兴的故土就在黄岩。从顾老师的作品中可以看出他对故乡深深的眷恋。

版画里一刀一刻都无不体现着生活的气息。

版画在特殊的年代，负责着提供一切正能量，正是因为这种形式视觉冲击力强的绘画类型，才越能体现和再现生活。

版画描绘的不是某种观念，而是生动的精神和生活状态。

生活在版画里发了光，而版画，不断带给物质生活贫瘠的画家更多的惊喜。

我们将版画这个重要元素放到设计当中去，汲取版画文化的精髓。

将白鹤岭下村打造成中国特色版画村，而版画文化也将赋予小镇文化内涵及唯一性，使艺术得以保护、传承和发展。

版画制作过程图解

1.上稿　2.转印　3.印刷
4.拓印　5.刻制　6.上墨　7.揭开

基地场地版画特色

基地原有建筑在立面上以版画元素进行装饰。村庄已经利用版画特色，但是并未完全深入。我们希望不仅在外在形式上体现版画特色，还希望打造一处能让来此的游客体验版画、来此的画家们互相交流的地方。

菌菇特色

菌菇种植也是岭下村的一大生产性特色，带来了经济效益和观光效益。主要以林下育菇、树林种植和平地大棚种植。景观效益体现的形式主要以山林观光和菌菇采摘。将菇棚与绿化结合一起。从色彩上用颜色接近菇类的颜色和肌理，构建景观小品细节。从菇类生物结构上或形态上汲取灵感。

整体旅游形象定位

主题村庄是当前旅游的一种新形态，岭下村有当地出生的著名版画家顾奕兴，创作了大量描绘岭下村景色的版画作品。2016年7月8日，在岭下村成立版画工作室。文化基础良好，在此地打造版画主题村，具有文化象征意义。

旅游项目形象定位

集文化体验旅游、生态山水观光、科普考察教学、休闲度假养生、商务会议旅游于一体。希望打造集版画创作、制作、展示、收藏、交流、研究、培训和市场开发为主，并且可以供游人观光旅游的特色村落。
在这里融合"新"与"旧"、"人文"与"自然"，它们之间的对话使得场所的秩序重建，内涵更加丰富。
同时文体并重，兼顾体育方面，打造与当地湿地结合的室外体育场。并且将当地特色农产品与景观结合。

褪山水，刻艺心
黄岩白鹤岭下版画艺术村

复数性　　印刻肌理
黑白构成　　流畅线条

民宿区建筑设计——"庭"入人家

建筑延续传统院落式布局，建筑的几个立面上自由开了不同大小的窗，从内而外为建筑创造了不同的视觉体验。内敛的小院则更体现出这种含蓄的建筑内部的空间关系，也提升了村民的生活品质。坡屋顶与岭下村秀美的山势相协调，黑瓦白墙与版画的气质相契合，更与周围景色相和。

古人"家"是房屋、"庭"是空地，一个"家庭"是需要一定的空地的，但是现在社会因各种原因，"庭"慢慢淡出了我们的生活，于是我们重新引入院落空间，将传统建筑中的院落空间的处理手法融入现在的设计中去来改善人们的居住环境和提高生活品质。同时，通过院落内相对较少的铺装和丰富的植物配置来强调生态的一面。

艺术家交流中心　建筑遗址保护　生态体育场　如画村落　艺术家工作室

湿地景观步道　版画展示馆　稻田景观

白鹤岭下村总体规划

複山水，刻藝心
黄岩白鹤嶺下版畫藝術村

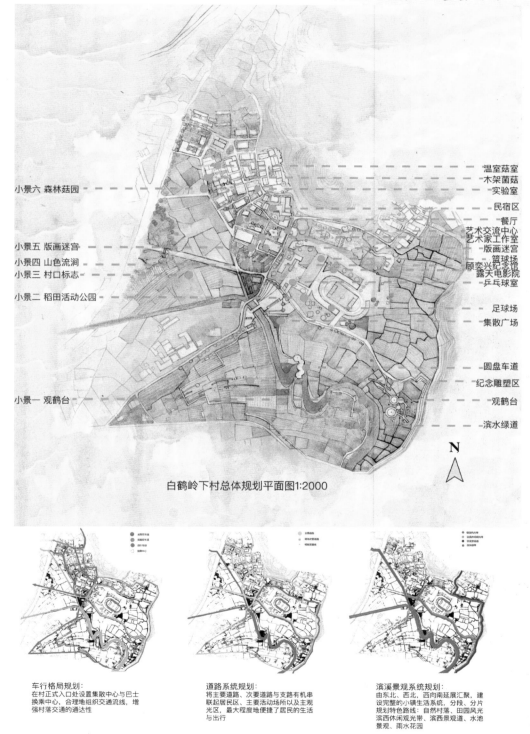

小景六 森林菇园

小景五 版画迷宫
小景四 山色流涧
小景三 村口标志
小景二 稻田活动公园

小景一 观鹤台

温室菇室
木架菌菇
实验室
民宿区
餐厅
艺术交流中心
艺术家工作室
版画迷宫
篮球场
顾奕兴纪念馆
露天电影院
乒乓球室
足球场
集散广场
圆盘车道
纪念雕塑区
观鹤台
滨水绿道

N

白鹤岭下村总体规划平面图1:2000

车行格局规划：
在村正式入口处设置集散中心与巴士换乘中心，合理地组织交通流线，增强村落交通的通达性

道路系统规划：
将主要道路、次要道路与支路有机串联起居民区、主要活动场所以及主观光区，最大程度地便捷了居民的生活与出行

滨溪景观系统规划：
由东北、西北、西向南延展汇聚，建设完整的小镇生活系统，分段、分片规划特色路线：自然村落、田园风光、滨西休闲观光带、滨西景观道、水池景观、雨水花园

岭下村景观规划概念长卷

襁山水, 刻藝心

小景效果图 黄岩白鹤岭下版畫藝術村

观鹤台

白鹤翠微里，黄精幽涧滨。

位于岭下村东南区域田野低洼地，周围多处雨水汇集于此，白鹤喜觅食休憩于此，观鹤台凌驾田沼之上，高低错落，四周绿植与木桩环绕，可作为野生白鹤等动物的栖息结构，更使人与自然亲近。

鹤望西岭

象征性的门头，圆形的饱满与对称的稳定性是中国传统元素的代表，柔和地与稻田相吻合。圆圈周边的层叠状片形示意着白鹤的形态，呼应村名。白鹤层层叠叠、一拥而上，渐渐升起，表达了对白鹤岭下村美好明天的期望。

版画迷宫

开放式的迷宫园，艺术与景观的结合。

版画迷宫位于版画村的中部，人流量集中，人们可以在这进行游览以及其他活动。开放式迷宫园没有以往复杂的通道，却因版画的特点让人流连忘返，以不同的层感创造版画复制的效果，吸引人们的再一次探索。

山色流涧

流觞寄情处，还将游此涧。位于村口进入景区前的第一景，是自然的稻田景观进入建筑群的一个过渡区域。流水潺潺，溪涧水声叮叮咚咚犹如开场曲，吸引着游人们在此停留。

稻田活动公园

场地位于村委东部，与湿地景观相连接。以水渠为分割线，把场地划分为南北两块。同时北部地区的篮球场和寺庙之间设有露天电影院空间，南部地区设有长廊连接各处，广场可供村民做集体操或者晾晒农产品。

森林菇园

森林菇园在林中开设小路、香菇药膳馆和民宿，供游人绕树林体憩游玩，提供基础性设施。同时还包括菇类博物展示馆、菇类研究实验室、加工生产工厂等。

複山水， 刻藝心

黄岩白鶴嶺下版畫藝術村

白鹤岭下村村落现状

村落现状分析—01村庄发展

村庄东北多临山，山上可发展种植采摘业，但无其他发展。未来发展方向主要定位西边的工厂及公路交通线方向。村口逐渐向公路拓展，与外界的联通加强。

村落现状分析—02生活边界

村民已不局限于原始村落自给自足的生活方式，慢慢向周边地域发展。岭下村的经济状况较基础，设施不完备，且村民多为老人，缺乏活力，因此年轻一代村民不局限于农业，向周边地域拓展边界。

村落现状分析—03村域边界

白鹤岭下村村域面积为1.05平方千米，面积虽不大，但周边关联村落较多，如新屋莴村、水碓头村、裘岙村等自然村落。

村落现状分析—04道路分析

岭下村总处山岗，却响第8325公顷决线，有较多数量的分支线，能够承载农作物的运输，完成物资的输送，白色区域为可持续发展的区域，道路搭桥，村村互通。

白鹤岭下村总体方案结构生成

总体规划／规划结构

本规划基于延续现状乡村的肌理，立足于独特的自然山水与文化风光，以体育设施、农业生态、版画文化为特色展开区域规划，连接南北村落。

总体规划／公共节点

围绕村特色展开规划十大节点：田园风光、名人广场、版画迷宫、露天电影院、采摘乐园、森林庄园、大棚墓场、乒乓球场、纪念雕塑、湿地公园。

总体规划／旅游配套设施

旅游配套设施布置于村落的中部平北部，主要由入口百米处你服务为为向导，以向为集散广场，以北是艺术家家文流区、民宿区、农业体验基地。

总体规划／车行流线

村落车行流线的规划，汽车道路仅限在村出入口的路段，自行车道路几乎贯穿整个村落，步行系统则遍布东丰部的田间。

白鹤岭下村村落旧民居案例

改造前

改造后

民宿区建筑，汲取版画硬朗分明的黑白对比，采用中国传统的粉墙黛瓦形式。以自然山水为生态基底，以传统民居为空间依托，以田园耕作为文化图景。在去掉水泥，恢复生态路面的过程中，岭下村挖出了大量的石灰岩原石。于是我们将这些石头部分结合在建筑中，力求民宿与自然和谐的融合。

景观方面：解决道路的机动车道、非机动车道、步行道、绿化带以及宅前空地相互混杂的问题，民宿区内部大型车辆无法进入，石板小路及植物的点缀使得这里成为有序的休闲空间。

剖面一

剖面二

中国美术学院

橘修乡事——澄江镇凤洋村乡村规划与设计

团队感言：

我们一边结束了大三参加的这个"乡村规划与创意设计（乡约黄岩）"竞赛，一边开启了我们的大四生活。

在7月4日我们坐高铁前往黄岩区凤洋村进行了第一次调研。这次调研对我们来说是一个非常好的机会，调研过程中增强了成员间的团队合作能力，了解了村落的特征和村落文化的特点。通过调研，对要规划设计的场地有了更深入的理解和研究。我们希望在借鉴调查研究的基础上，通过进一步调查分析，得出一个有意思的且有意义的设计方案，为黄岩凤洋村提升生活品质，及发展旅游业。7月16日，炎炎夏日，我们前往凤洋村，进行了第二次调研，在烈日下走在橘园里，感受当地，也十分感谢凤洋村支部书记为我们送雪糕。

第一次参加专业设计大赛，感谢学校为我们提供这次机会，使我们学到了很多知识，拓宽了自己的眼界。接触真实的乡村规划，了解村庄的性质、规划设计的客体。参加这次比赛，查找了非常多的资料，正如指导老师所说"我写一篇论文的时候至少要看上万篇的论文"，所以在参加这次比赛的时候，也查找了非常多的历史资料。

这次比赛，不但使我们在自己的专业技能上有所提升，而且让我们明白，这些竞赛不是一个人的战斗，是靠团队的整体力量取得成功。在竞赛过程中不断地培养团队协作的能力，注重性格的磨合，在比赛中培养敢打敢拼、不怕困难、不怕辛苦的精神。在以后的工作中，我们也会不断地学习，勇于挑战，严于律己，宽以待人。

橘修乡事
澄江镇凤洋村乡村规划与设计

基地分析
GENERAL SITUATION OF THE VILLAGE

凤洋村概况

凤洋村是黄岩蜜橘主产之一，村内拥有中国柑橘博览园区，总面积 5000 多亩。包含了中国柑橘观光园、中国柑橘专业博览主体培育区，并建设了入口广场、珍稀绿林、橘林观光园、仿古木桥、品种园、精品果园。大型柑橘景观带等景观展现黄岩蜜橘的重要产地与情况，在国内外有着切时的知名度，凤洋村村域面积的1.2平方千米，现有住户491户，共有人口1574人。

地理区位

台州市黄岩区中门户，凤洋村位于台州黄岩区西北部东临仪江、集镇海村，南临省级风景名胜区——化岩山 西临山头舟村 北临黄岩岩塘溪洋——永宁江。

交通区位

黄岩火车站距台州车站，位于台州黄岩区王林村，隶属上海铁路局宁波车务段管辖，为一等站。离台州市环城江镇中心约15千米，离黄岩区政府约5千米，高速公路约的15千米，是融合温铁路的重要车站。凤洋村南接G104国道，贯穿东西，对外交通便利。

省内交通区位　　市内交通区位　　地区交通区位

现状分析
ANALYSIS OF CURRENT SITUATION

建筑现状图 CONDITION OF ARCHITECTURE

水系现状图 NETWORK OF RIVERS

橘树分布现状图 DISTRIBUTION OF ORANGE TREE

道路现状图 NETWORK OF ROADS

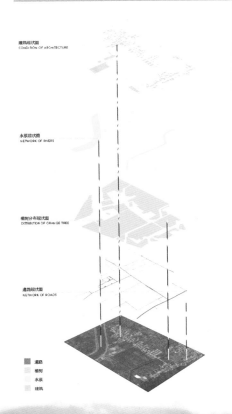

道路 / 橘树 / 水系 / 建筑

村民之声

村落文化
THE VILLAGE CULTURE

民居

1949之前 1949-1978

1978-2000　2000后

橘

竖橘神　放橘灯　点间间亮

供橘神　打橘生　请合旗

江渠

历史
政策
人居

现状总结

柑橘全年生产形态
萌芽 — 开花 — 座果 — 幼果 — 膨大 — 着色 — 成熟

村落现状

橘　　乡

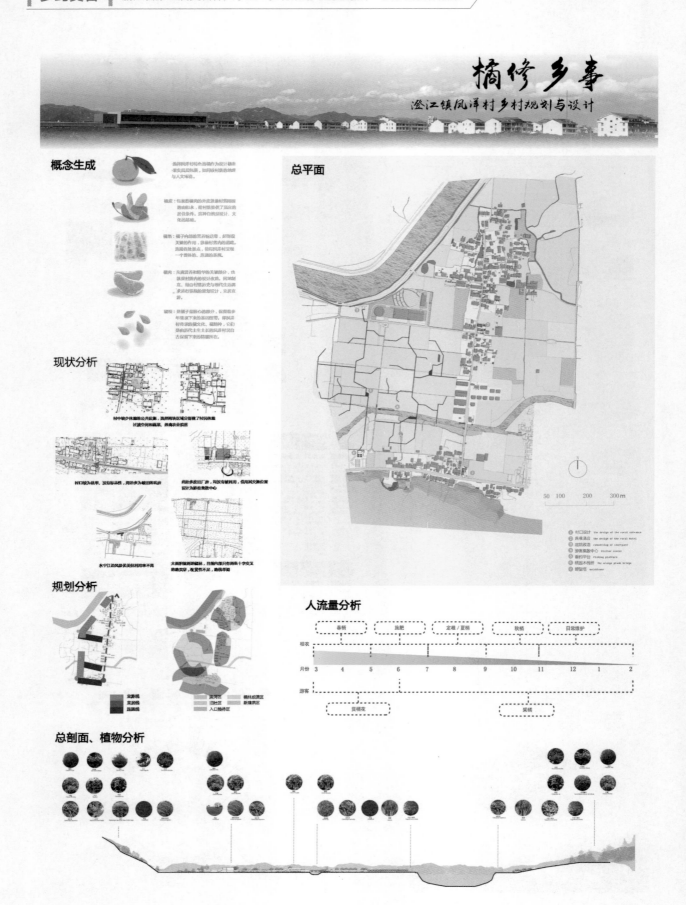

橘修乡事
澄江镇凤洋村乡村规划与设计

概念生成

现状分析

规划分析

总平面

人流量分析

总剖面、植物分析

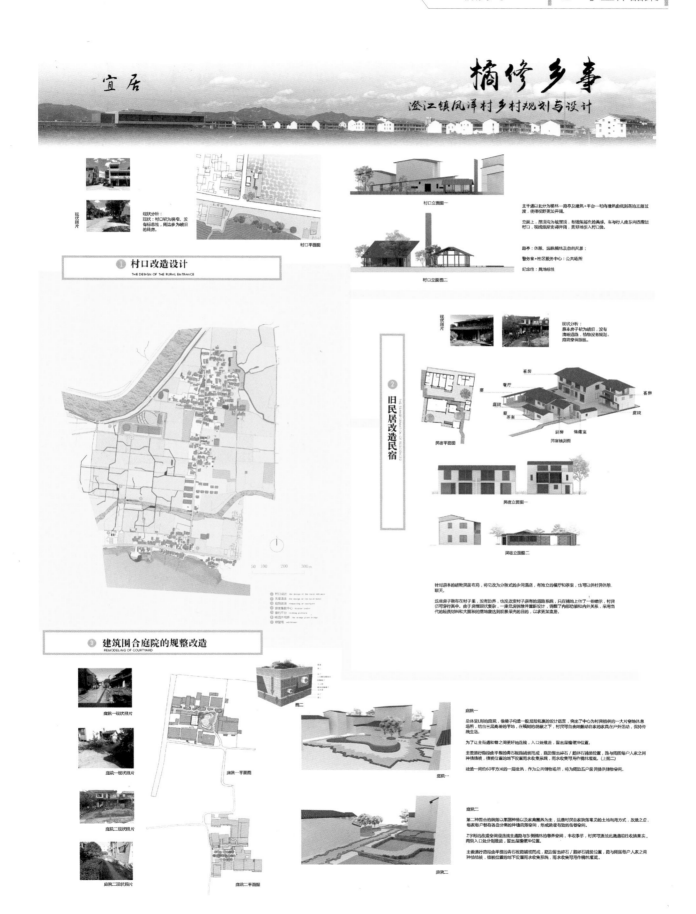

宜居

橘修乡事
澄江镇凤浮村乡村规划与设计

① 村口改造设计
THE DESIGN OF THE RURAL ENTRANCE

现状分析：
现状：村口较为狭窄，没有标志性，周边多为破旧的房屋。

村口平面图

村口立面图一

村口立面图二

主干道以此分为橘林—路亭及建筑+平台—村内建筑由低到高的三层过渡，使得视野更加开阔。

立面上，屋顶为坡屋顶，有镇展层次的美感，车与行人由东向西靠近村口，视线随路支得开阔，更好地引入村口处。

路亭：休憩、远眺橘林及自然风景；
警务室+社区服务中心：公共场所
纪念性：具地标性

② 旧民居改造民宿

现状分析：
原本房子较为破旧，没有清晰的功能，情况没有规划，庭院穿凿割乱。

现状照片

民宿平面图

客房 餐厅 客房
廊 庭院 茶室 厨房 储藏室 庭院

民宿轴测图

民宿立面图一

民宿立面图二

针对原本的破败民居布局，将它改为分散式的乡间酒店，有独立的餐厅和茶室，也可以供村民休憩、聚会。

这些房子散布在村子里，没有边界，也不改变村子原有的道路系统，只在镇地上行了一些暗示，村民仍可穿行其中。由于房屋现状聚集，一些危房拆除并重新设计，调整了内部功能和的内外关系，采用当代的轻质材料和大面积的落地窗达到采景采光的目的，以求更加直冒。

③ 建筑围合庭院的规整改造
REMODELING OF COURTYARD

庭院一现状照片

庭院一现状照片

庭院二现状照片

庭院二现状照片

图二

庭院一平面图

庭院二平面图

庭院一

庭院二

庭院一
总体呈L形的庭院，像橘子构造一般是包裹着的设计语言，突出了中心为村民提供的一大片空地休息场所，结合三层高差的平台，在橘树的荫庇之下，村民可自由地搬动自家的家具到户外活动，促持传统生活。

为了让主街道和巷子更好地连接，入口处推进，留出屋檐缓冲位置。

主要通行范段的青石板路线结构而成，路边撒出碎石／鹅卵石铺装位置，路与周围每户人家之间种植绿植，撒铺位置的地下设置雨水收集系统，雨水收集可用作橘林灌溉。（上图二）

建造一间约60平方米的一层建筑，作为公共储物场所，给为周边瓦平房居民提供储物空间。

庭院二
第二种围合的院路以果蔬种植以及禽畜养为主，以悬村民家居客常见的土地利用方式，改造之后，每家每户都有各各分散的种植院落空间，形成邻客有趣的街巷空间。

Z字形的改造空间沿续传统主通路与东侧橘林的的整养空间，半收季节，村民可通过此通路的归处收集果实，两则入口处分别推进，留出屋檐出入空间。

主要通行范段由平整的青石板路线结构而成，路边撒出碎石／鹅卵石铺装位置，路与周围每户人家之间种植绿植，撒铺位置的地下设置雨水收集系统，雨水收集可用作橘林灌溉。

村口白天小景

村口夜晚小景

民宿白天小景

民宿夜晚小景

庭院白天小景

庭院傍晚小景

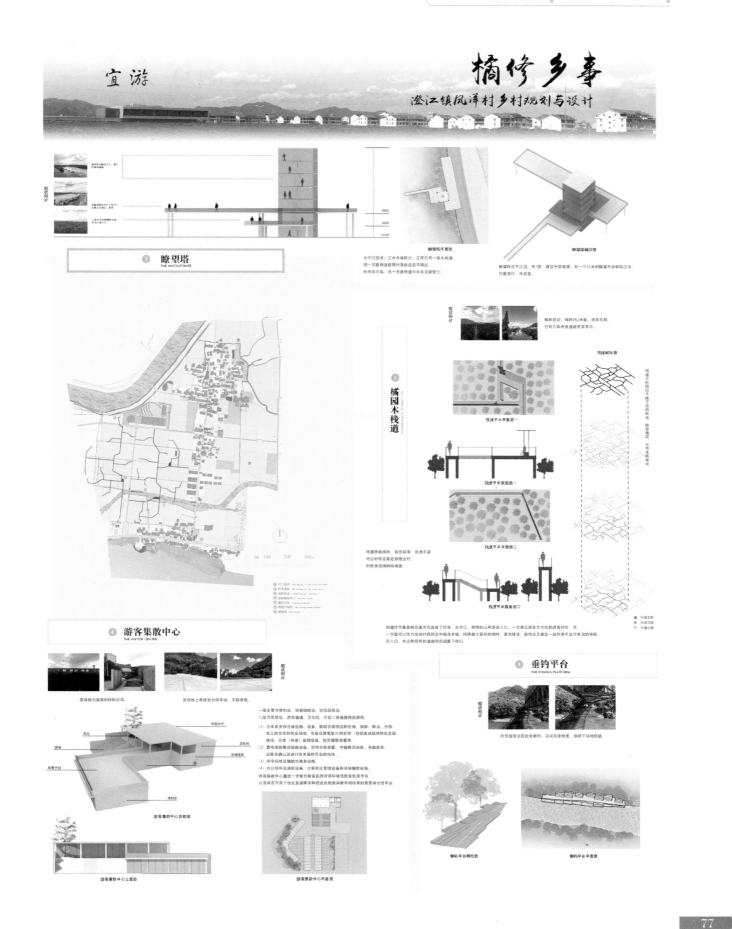

宜游

橘修乡事
澄江镇凤洋村乡村规划与设计

⑦ 瞭望塔
THE WATCHTOWER

④ 游客集散中心
THE VISITOR CENTER

现状照片

橘园木栈道

⑤ 垂钓平台
THE FISHING PLATFORM

现状照片

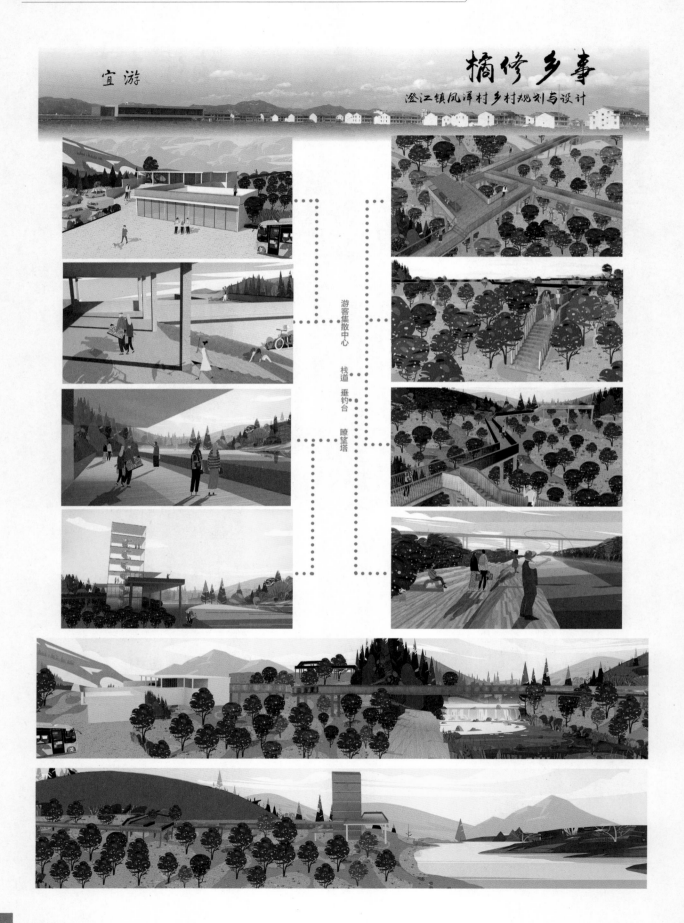

浙江大学

伴山伴水半岭堂——台州市黄岩区半岭堂村乡村规划与设计

教师感言：

　　这次美丽乡村设计竞赛的经验非常宝贵，不仅体验了黄岩代表性村落的业态、景观和民俗，也对乡村设计有了更多直观认知。同时，是对同学们本科阶段详细规划设计类课程中所学到知识的集中体现和拓展，同时也凝结了同学们吃苦耐劳、开拓进取的精神，老师从同学们身上获益良多。感谢所有参赛同学的辛勤付出！是你们的认真、执着、敬业和创新精神不断在推动设计的前进。

团队感言：

　　自然生态基础良好的山村，却面临着本地人群渐渐走失的境地，只留下面临诸多困难的留守老人；同样，后城市化的日益加剧，越来越多的人走出城市，走向山村。乡村，介于都市与荒野之间，是人为改造的二次自然。在村庄规划的过程中，逐渐褪去城市设计惯有的条条框框，从当地村民的需求出发，设计出人性化与切合实际的规划方案。不仅是对村庄和自然的一次探索，更是将现代化手法与乡土元素创意结合的一次实践。我们应在规划中反思、在实践中求知。在这次竞赛中，我们体悟到团队合作的重要性，在一起探索乡村之根、乡村之发展与未来是一件特别有趣的事。愿竞赛中的每个人都留下一段美好的回忆。

伴山伴水半岭堂

台州市黄岩区半岭堂村乡村规划与设计
BANLINGTANG VILLAGE RURAL PLANNING AND DESIGN

壹·规范

区位分析

半岭堂村地处黄岩西部山区，位于黄岩溪最大支流联丰溪的上游，宁溪至富山公路的半山之上，是富山乡的门户与咽喉。

自然环境分析

山与水

半岭堂村四面环山，地处多座山岙之间的凹地。半岭溪由西南向东北贯穿整个半岭堂村。

农作物

半岭堂四周山地盛产苦竹，依山而泻的溪水恰好为捣料这一重要工序提供动力。

地形分析

古村变迁

伴山伴水、沿河而居。半岭堂村的空间格局沿半岭堂河从西南向东北呈带状分布。

选址

商道形成
黄永古道始于明清之际，途经富山乡半岭堂、半山等村，是古代黄岩西部通往永嘉的主要交通枢纽。

人口迁徙
起初黄永古道沿线多是客栈、茶铺等供商人休息的驿站，后来人们沿河安家落户。

纸厂兴起
半岭堂村地处峡谷之中，当地农民因地制宜，沿坑两岸盘盘竖雄捣料，搭厂造纸。

纸产业衰
由于破除迷信，多数年轻人不愿从事造纸行业，千张销路低落。竹纸制作技艺处于濒危状态。

纸与生活

○纸——工作
古法造纸主要原料是苦竹。村民利用山涧溪水将池中泡胀的苦竹打成纸浆。

○纸——居住
半岭堂村子造纸以家庭作坊的模式进行加工。完成后拿到临近的中心镇集市售卖。

○纸——游憩
围绕纸文化与销售而衍生了一些祭拜神、庙会等特色民俗活动。

○纸——交通
半岭堂村盛产千张纸，逐渐形成了运送货物的商道——黄永古道。

纸与产业

千张的历史
竹纸制作技艺是黄岩民间流传一千余年，至今尚在宁溪、富山一带使用的手工造纸技艺。

村子与千张
半岭堂村主要生产祭祀用纸。20世纪80年代半岭堂村370余名劳力从事水碓千张纸生产，占全村劳力64%，每户收入1000余元。这里以纸质上乘而名声远播。

纸与街巷

街巷空间

为了生活取水方便，建筑大多依据半岭溪走向排布，形成老街。

黄永古道最宽的地方只有3米左右，适宜步行、骑车，不宜组织车行。

半岭堂靠黄永古道而兴，民居也依道而建。

纸与民居

民居形式
- 串联式
- 并联式
- 围合式
- 独立式
- 鱼骨式
- 俗院式

特征
多样化的建筑肌理
↓
问题
街巷空间不明显
↓
挑战
"多而自由"
到
"丰富有序"

○民居材料
半岭堂村民居使用的材料除了石头还有周围漫山遍野的竹子。

纸与人群

人群需求分析

| 06:00 | 09:00 | 12:00 | 14:00 | 18:00 | 20:00 |

- 制做干张
- 游憩
- 就餐
- 衣洗
- 种菜
- 导购
- 手工
- 青年旅社
- 衣歌
- 购物
- 居家车围
- 休闲
- 文创
- 摄影
- 手工造纸体验
- 沙龙
- 散步
- 小吃
- 文化展览
- 投资

居民生活需求 / 游客游憩需求 / 创意企业需求

综合现状图

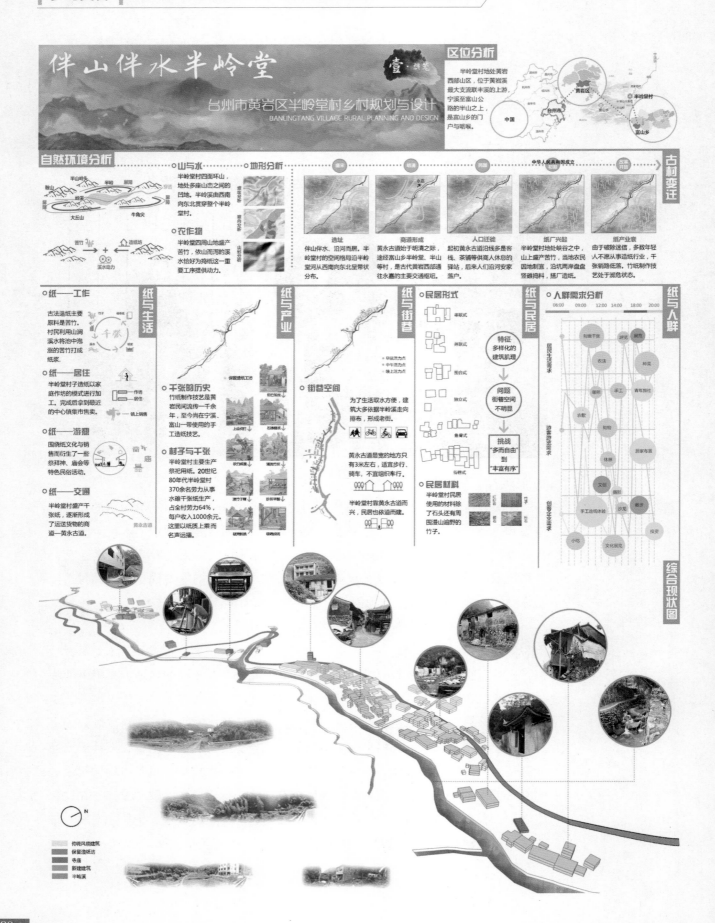

- 传统风貌建筑
- 保留造纸坊
- 寺庙
- 新建建筑
- 半岭溪

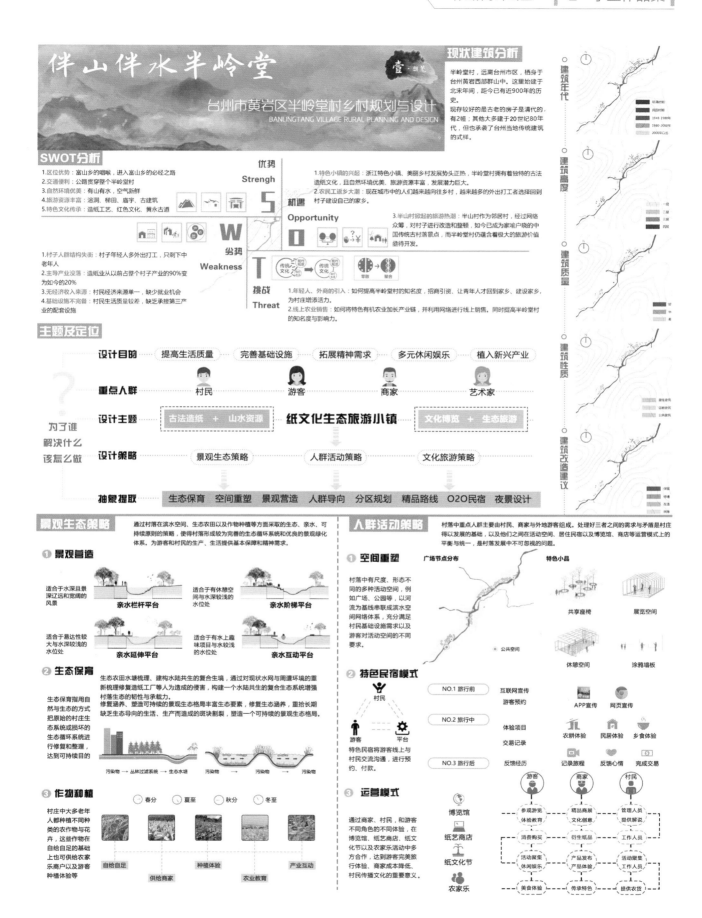

伴山伴水半岭堂

台州市黄岩区半岭堂村乡村规划与设计
BANLINGTANG VILLAGE RURAL PLANNING AND DESIGN

壹·缘苑

现状建筑分析

半岭堂村，远离台州市区，栖身于台州市黄岩西部群山中。这里始建于北宋年间，距今已有近900年的历史。

现存较好的最古老的房子是清代的，有2幢；其他大多建于20世纪80年代，但也承袭了台州当地传统建筑的式样。

建筑年代
建筑高度
建筑质量
建筑性质
建筑改造建议

SWOT分析

优势 Strength S
1. 区位优势：富山乡的咽喉，进入富山乡的必经之路
2. 交通便利：公路贯穿整个半岭堂村
3. 自然环境优美：有山有水，空气新鲜
4. 旅游资源丰富：溶洞、梯田、庙宇、古建筑
5. 特色文化传承：造纸工艺、红色文化、黄永古道

机遇 Opportunity O
1. 特色小镇的兴起：浙江特色小镇、美丽乡村发展势头正热，半岭堂村拥有着独特的古法造纸文化，且自然环境优美，旅游资源丰富，发展潜力巨大。
2. 农民工返乡大潮：现在城市中的人们越来越向往乡村，越来越多的外出打工者选择回到村里建设自己的家乡。
3. 半山村掀起的旅游热潮：半山村作为邻居村，经过网络众筹，对村子进行改造和整顿，如今已成为家喻户晓的中国传统古村落景点，而半岭堂村仍蕴含着极大的旅游价值亟待开发。

劣势 Weakness W
1. 村子人群结构失衡：村子里年轻人多外出打工，只剩下中老年人
2. 主导产业没落：造纸业从以前占整个村子产业的90%变为如今的20%
3. 无经济收入来源：村民经济来源单一，缺少就业机会
4. 基础设施不完备：村民生活质量较差，缺乏承接第三产业的配套设施

挑战 Threat T
1. 年轻人、外商的引入：如何提高半岭堂村的知名度，招商引资，让青年人才回到家乡、建设家乡，为村庄增添活力。
2. 线上农业销售：如何将特色有机农业加长产业链，并利用网络进行线上销售。同时提高半岭堂村的知名度与影响力。

主题及定位

设计目的　提高生活质量　完善基础设施　拓展精神需求　多元休闲娱乐　植入新兴产业

重点人群　村民　游客　商家　艺术家

设计主题　古法造纸 + 山水资源　纸文化生态旅游小镇　文化博览 + 生态旅游

设计策略　景观生态策略　人群活动策略　文化旅游策略

抽景提取　生态保育　空间重塑　景观营造　人群导向　分区规划　精品路线　O2O民宿　夜景设计

为了谁
解决什么
该怎么做

景观生态策略

通过村落在滨水空间、生态农田以及作物种植等方面采取的生态、亲水、可持续原则的策略，使得村落形成较为完善的生态循环系统和优良的景观绿化体系。为游客和村民的生产、生活提供基本保障和精神需求。

① 景观营造

适合于水深且景深辽远和宽阔的风景
亲水栏杆平台

适合于有休憩空间与水深较浅的水位处
亲水阶梯平台

适合于易达性较大与水深较浅的水位处
亲水延伸平台

适合于有水上趣味项目与水较浅的水位处
亲水互动平台

② 生态保育

生态农田水塘梳理、建构水陆共生的复合生境，通过对现状水网与周边环境的重新梳理修复造纸工厂等人为造成的侵害，构建一个水陆共生的复合生态系统增强村落生态的韧性与承载力。

生态保育指用自然与生态的方式把原始的村庄生态系统或损坏的生态循环系统进行修复和整理，达到可持续目的

污染物　丛林过滤系统　生态水塘
污染物　污染物

③ 作物种植

村庄中大多老年人都种植不同种类的农作物与花卉，这些作物在自给自足的基础上也可供给农家乐商户以及游客种植体验等

春分　夏至　秋分　冬至

自给自足　种植体验　产业互动
供给商家　农业教育

人群活动策略

村落中重点人群主要由村民、商家与外地游客组成。处理好三者之间的需求与矛盾是村庄得以发展的基础，以及他们之间在活动空间、居住民宿以及博览馆、商店等运营模式上的平衡与统一，是村落发展中不可忽视的问题。

① 空间重塑

广场节点分布　特色小品

村落中有尺度、形态不同的多种活动空间，例如广场、公园等，以河流为基础串联成滨水空间网络体系，充分满足村民基础设施需求以及游客对活动空间的不同要求。

● 公共空间

共享座椅　展览空间
休憩空间　涂鸦墙板

② 特色民宿模式

村民
游客　平台

特色民宿将游客线上与村民交流沟通，进行预约、付款。

NO.1 旅行前　互联网宣传　游客预约
APP宣传　网页宣传

NO.2 旅行中　体验项目　交易记录
农耕体验　民居体验　乡食体验

NO.3 旅行后　反馈经历　记录旅程　反馈心情　完成交易

③ 运营模式

通过商家、村民和游客不同角色的不同体验，在博览馆、纸艺商店、纸文化节以及农家乐活动中多方合作，达到游客完美旅行体验、商家成本降低、村民传播文化的重要意义。

博览馆
纸艺商店
纸文化节
农家乐

游客　商家　村民
参观游览　精品展览　管理人员
体验教育　文化创意　提供讲解

消费购买　衍生纸品　工作人员
活动集采　产品发布　活动组织
休闲娱乐　产品体验　工作人员

美食体验　传承特色　提供农资

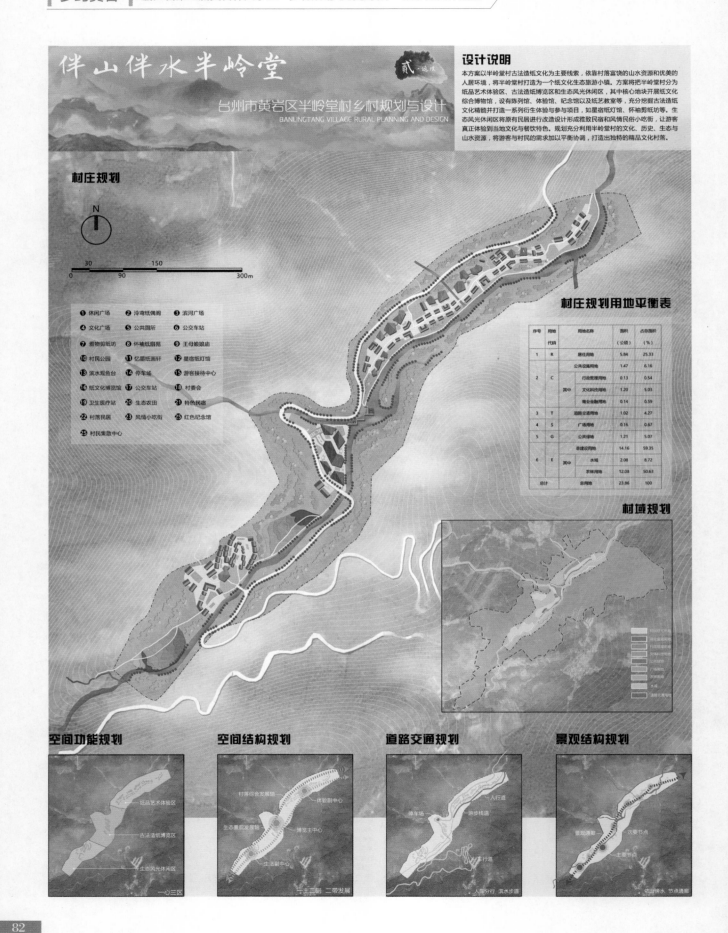

伴山伴水半岭堂

台州市黄岩区半岭堂村乡村规划与设计
BANLINGTANG VILLAGE RURAL PLANNING AND DESIGN

贰·远峰

设计说明

本方案以半岭堂村古法造纸文化为主要线索,依靠村落富饶的山水资源和优美的人居环境,将半岭堂村打造为一个纸文化生态旅游小镇。方案将把半岭堂村分为纸品艺术体验区、古法造纸博览区和生态风光休闲区,其中核心地块开展纸文化综合博物馆,设有陈列馆、体验馆、纪念馆以及纸艺教室等,充分挖掘古法造纸文化精髓并打造一系列衍生体验与参与项目,如星宿纸灯馆、怀袖剪纸坊等、生态风光休闲区将原有民居进行改造设计形成雅致民宿和风情民俗小吃街,让游客真正体验到当地文化与餐饮特色。规划充分利用半岭堂村的文化、历史、生态与山水资源,将游客与村民的需求加以平衡协调,打造出独特的精品文化村落。

村庄规划

N

| 0 | 30 | 90 | 150 | 300m |

① 休闲广场　② 泠弯纸偶阁　③ 滨河广场
④ 文化广场　⑤ 公共厕所　⑥ 公交车站
⑦ 雅物剪纸坊　⑧ 怀袖纸扇苑　⑨ 王母娘娘庙
⑩ 村民公园　⑪ 忆墨纸画轩　⑫ 星宿纸灯馆
⑬ 滨水观鱼台　⑭ 停车场　⑮ 游客接待中心
⑯ 纸文化博览馆　⑰ 公交车站　⑱ 村委会
⑲ 卫生医疗站　⑳ 生态农田　㉑ 特色民宿
㉒ 村落民居　㉓ 风情小吃街　㉔ 红色纪念馆
㉕ 村民集散中心

村庄规划用地平衡表

序号	用地代码	用地名称		面积(公顷)	占地面积(%)
1	R	居住用地		5.84	25.33
2	C	公共设施用地		1.47	6.16
		其中	行政管理用地	0.13	0.54
			文化科技用地	1.20	5.03
			商业金融用地	0.14	0.59
3	T	道路交通用地		1.02	4.27
4	S	广场用地		0.16	0.67
5	G	公共绿地		1.21	5.07
6	E	非建设用地		14.16	59.35
		其中	水域	2.08	8.72
			农林用地	12.08	50.63
		总计	总用地	23.86	100

村域规划

空间功能规划

纸品艺术体验区
古法造纸博览区
生态风光休闲区
一心三区

空间结构规划

村落综合发展轴
生态景观发展轴
体验副中心
博览主中心
生活副中心
一主三副 二带发展

道路交通规划

停车场
人行道
游步栈道
行道
人车分行 滨水步道

景观结构规划

景观通廊
次要节点
主要节点
依山傍水 节点通廊

伴山伴水半岭堂

叁·款智

台州市黄岩区半岭堂村乡村规划与设计
BANLINGTANG VILLAGE RURAL PLANNING AND DESIGN

古法造纸艺术　纸品艺术体验区
悠久纸文化　　古法造纸博览区
丰富纸资源　　生态风光休闲区

生态资源　红文化独特
面貌未起　地域特性

原生态农田资源　纸文化博览
纯天然山体资源　＋
无污染溪水流资源　生态休闲

旅游小镇　功能分区
溯源而为　溯源分解

旅游地图及分区

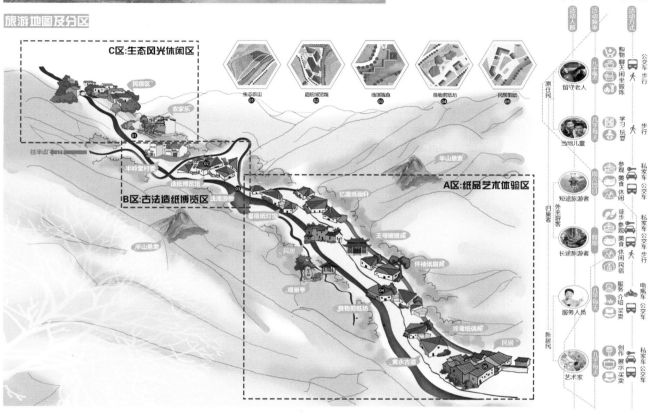

C区:生态风光休闲区
民宿区
农家乐
往半山
半岭堂村委
造纸博览馆
B区:古法造纸博览区
浅滩游赏
半山悬索
民居
观景亭
雅物贝纸坊
半山悬索
亿墨纸画轩
A区:纸品艺术体验区
王母娘娘庙
怀地纸扇亮
冷岩纸偶间
黄永古道

生态农田 01　造纸博览馆 02　临滩观鱼 03　雅物剪纸坊 04　民居祖团 05

活动人群　活动频率　活动方式

原住民
留守老人 几乎每天 购物聊天闲坐锻炼 公交车 步行
当地儿童 几乎每天 学习玩耍 步行

归乡者
短途旅游者 周六周日 参观美食休闲 私家车 公交车
长途旅游者 假期 徒步参观美食休闲民宿 私家车 公交车 步行

新居民
服务人员 几乎每天 服务介绍买卖 电瓶车 公交车
艺术家 几乎每天 创作展示买卖 私家车 公交车

A区:纸品艺术体验区
片区特征：历史格局完整，传统特色突出，生态条件优越

王母娘娘庙是当地人对宗教的信仰和祈愿，庙前设置大面积广场作为人群聚集地。

利用溪水的高差设置多处溪边游赏设施和观景平台，使游客享受自然的馈赠。

规整居住模式，并增加沿黄永古道的商业设施。

新建建筑
保留建筑
修缮建筑

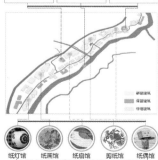

纸灯馆　纸画馆　纸扇馆　剪纸馆　纸偶馆

■ 展览区。游客可以了解到各类纸业衍生品的发展历史和品种类型。游客以视觉体验为主。
■ 手工区。游客可以用古法工艺来制作这些艺术品；景区将配备专业的制作师来为游客进行演示。
■ 商业区。游客可以挑选适合自己的纪念品。景区会提供种类不同的精美的纸类工艺品出售。

B区:古法造纸博览区
片区特征：地理位置特殊，地形特别，功能独特
该区域是交通最便捷，集散最主要的地点所在即纸文化景区入口；同时也是公共交通（县际公交车）的停靠站

新建建筑
修缮建筑
铺装系统

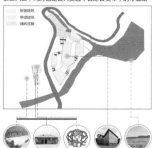

村部广场　游客接待　村委会　造纸博览　浅滩娱乐
村部广场作为游客休憩和集散的广场，同时也服务于本地居民。且由于区域特殊的地势，也作为防洪的安全区之一，为居民日常生活安全提供保障。

地势决定了此处视线的重要点。

游客路线设计

一日精品游

适于周末的家庭短期出行，以休闲观景为主。

多日深度游

适合于小长假的家庭自驾游，以体验健身为主。

C区:生态风光休闲区
片区特征：村落特征明显，生态条件优越
该区域是半岭堂村地势最高的区域，也是居住点分布最密集的区域，是本地村民主要生活的区域，美好的生活图景

新建建筑
保留建筑
修缮建筑

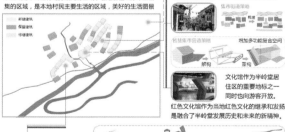

利用天然良好的生态条件打造农家乐。
集市街道策略

省域集市资源梳理
增加多功能复合空间
解构　重构

文化馆作为半岭堂居住区的重要地标之一同时也向游客开放。
红色文化馆作为当地红色文化的继承和发扬，是融合了半岭堂发展历史和未来的新精神。

村落空间分析
围合空间　穿行空间　亲水空间

建筑重组改造
建筑排布混乱　建筑形成院落　舒适的日常活动空间

公共空间重组
没有公共空间　改建居民形成公共空间　舒适的公共活动空间
改造后围合空间结构

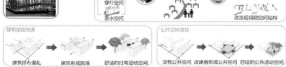

半岭堂夜景设计

民居夜景：柔和点光　溪流夜景：不应太明亮　商业街夜景：特色照明

灯光分析

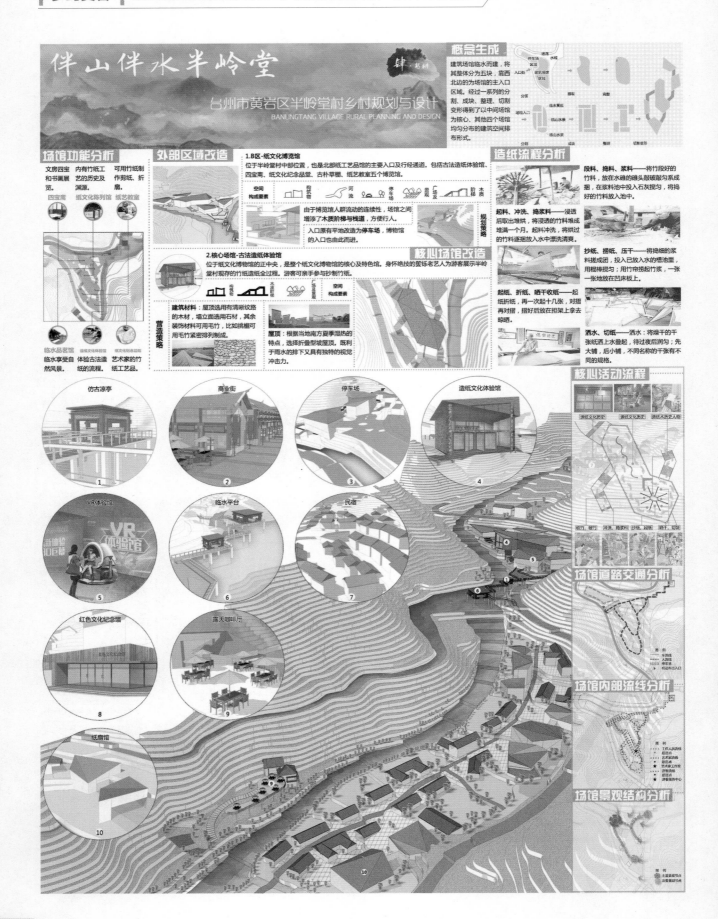

伴山伴水半岭堂

台州市黄岩区半岭堂村乡村规划与设计
BANLINGTANG VILLAGE RURAL PLANNING AND DESIGN

肆·筋脊

概念生成

建筑场馆临水而建，将其整体分为五块，靠西北边的为场馆的主入口区域。经过一系列的分割、成块、整理、切割变形得到了以中间场馆为核心，其他四个场馆均匀分布的建筑空间排布形式。

场馆功能分析

文房四宝和书画展览。内有竹编工艺的历史及渊源。可用竹纸制作剪纸、折扇。

四宝斋
纸文化陈列馆
纸艺教室

临水品茗馆
临水享受自然风景。

体验古法造纸的流程。

艺术家的竹纸工艺品。

外部区域改造

1.B区-纸文化博览馆

位于半岭堂村中部位置，也是北部纸工艺品馆的主要入口及行经通道。包括古法造纸体验馆、四宝斋、纸文化纪念品堂、古朴草棚、纸艺教室五个博览馆。

空间构成要素

由于博览馆人群流动的连续性，场馆之间增添了木质阶梯与栈道，方便行人。入口原有平地改造为停车场，博物馆的入口也由此而进。

规划策略

2.核心场馆-古法造纸体验馆

位于纸文化博物馆的正中央，是整个纸文化博物馆的核心及特色馆。身怀绝技的篦镍老艺人为游客展示半岭堂村现存的纸造纸全过程。游客可亲手参与抄制竹纸。

空间构成要素

营造策略

建筑材料：屋顶选用有清晰纹路的木材，墙立面选用石材，其余装饰材料可用毛竹，比如挑檐可用毛竹紧密排列而制成。

屋顶：根据当地南方夏季温热的特点，选择折叠型坡屋顶。既利于雨水的排下又具有独特的视觉冲击力。

造纸流程分析

段料、捣料、浆料——将竹段好的竹料，放在水碓的碓头敲破敲匀系成捆，在浆料池中投入石灰搅匀，将捣好的竹料放入池中。

起料、冲洗、捣浆料——浸透后取出堆烘，将浸透的竹料成堆满一个月。起料冲洗，将烘过的竹料逐放入水中漂洗清爽。

抄纸、捞纸、压干——将捣细的浆料搓成团，投入已放入水的槽池里，用棍棒搅匀；用竹帘捞起竹浆，一张一张地放在凹床板上。

起纸、折纸、晒干收纸——起纸折纸，再一次起十几张，对摺再对摺，摺好后放在担架上拿去晾晒。

洒水、切纸——洒水：将燥干的干张纸洒上水叠起，待过夜后润匀；先大捕，后小捕，不同名称的干纸有不同的规格。

核心场馆改造

核心活动流程

浙纸文化历史 / 造纸文化历史 / 浙纸水历史人物

斩竹、破竹、冲洗、捣浆料、抄纸、起纸、晒干、切纸

场馆道路交通分析

场馆内部流线分析

场馆景观结构分析

1 仿古凉亭
2 商业街
3 停车场
4 造纸文化体验馆
5 VR体验馆
6 临水平台
7 民宿
8 红色文化纪念馆
9 露天咖啡厅
10 纸扇馆

浙江大学

丰年留客，乐游蒋家——基于行为策划的蒋家岸村田园综合体规划设计

教师感言：

这次美丽乡村规划设计竞赛是对同学们本科阶段详细规划设计类课程中所学到知识的集中体现和拓展，同时也凝结了同学们吃苦耐劳、开拓进取的精神，老师从同学们身上获益良多。感谢曹康老师带队调研，感动同学们的默契付出。

团队感言：

乡遇黄岩，自此与乡村结缘。中国城市背后，有千千万万的乡村，它们有着各自的特色，但也有着相同的问题。当今特色小镇十分火热，而很多设计者面对不同乡村的类似问题时，运用的设计策略和设计手法却趋向雷同。所以"在地性"对于乡村设计十分重要。"在地性"不是简单地运用当地的材料去体现当地的建筑特色，而是结合当地特有的产业和资源，用经济的方式去改善村民生活。乡村如同画家手中的调色盘般丰富多彩，但也必经推敲琢磨细心调和才能绘出美丽动人的画卷。去外地调研到回学校一起讨论、分工、绘图，很明显感受到这是一次默契的团队合作。期间我们一直和老师保持沟通，方案也在一次次讨论中完善。这次的乡村规划设计使我们更多地思考如何从产业角度出发找寻乡村致富之路，挖掘并推动地方特色产业的发展无疑是极其重要且有效的手段。感谢三个多月来同组小伙伴们的辛勤付出，愿我们的这些思考与努力能为当地带去参考与收益。

同时也感谢这次竞赛，让我们更加接近乡村、了解乡村、更多地去思考乡村存在的问题，向将来成为一名合格的规划师迈出了坚实的一步。感恩一切！也希望这几个月能成为本科生活中的一个记忆点。更期待与小组成员以后的合作。

丰年留客，乐游蒋家

——基于行为策划的蒋家岸村田园综合体规划设计

地理区位分析　　交通区位分析　　邻域对比

台州市位于浙江省中部沿海、东濒东海，北靠绍兴市、宁波市，南邻温州市，西与金华市和丽水市毗邻

黄岩区隶属台州市，位于浙江黄金海岸线中部，东界椒江区、路桥区，南与温岭市、乐清市接壤，西邻仙居县、永嘉县，北连临海市，距省会杭州207km

宁溪镇地处浙江东南沿海、黄岩区区西部、长潭水库上游，距黄岩城区38km，其北与屿头、南与上洋乡、富山乡、西与上郑乡接壤

蒋家岸村隶属于宁溪镇，位于宁溪水镇西北部、宁溪镇名村古落旅游线上，包括蒋家岸、旧寺岙2个村，村域内与村落周边山体、森林资源丰富

台州市周边交通区位图

宁溪镇交通圈
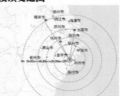

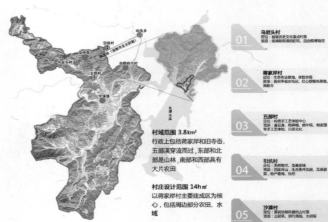

01 乌岩头村
定位：省级历史文化重点村落
资源：玻璃砖现现浇河湖、百合观博物馆

02 蒋家岸村
定位：黄岩幸福水电站、体验农场
资源：黄岩幸福水电站、红心猕猴桃基地、演教堂

03 五部村
定位：传统手工艺体验中心
资源：藤编泥塑、竹编鸭、竹铜柜、教堂园等手工艺体验、白茶文化

04 引坑村
定位：天然氧吧、瓜果基地
资源：特产瓜果低成本、瓜果源、特产瓜果、柑桔

05 沙滩村
定位：黄岩历史街区的活力村落
资源：古祠民、游行道场、太极馆

村域范围 3.8 km²
行政上包括蒋家岸和旧寺岙，五部溪穿流而过，东部和北部是山林，南部和西部具有大片农田

村庄设计范围 14 hm²
以蒋家岸村主要建成区为核心，包括周边部分农田、水域

现状总平面图

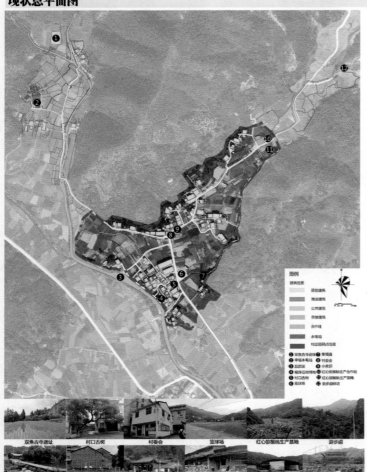

图例
建筑性质
居住建筑
商业建筑
公共建筑
宗教建筑
合作建
水电站
村庄规划范围图

① 双鱼古寺遗址　　荤福场
② 村口古树　　小卖部
③ 五部溪
④ 城体活动场地　红心猕猴桃生产合作社
⑤ 村口古松　　红心猕猴桃生产基地
⑥ 篮球场　　游步道建设

现状分析图

现状建筑层数分析图
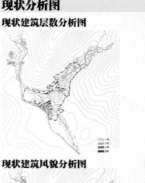

现状建筑质量分析图

现状建筑风貌分析图
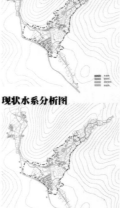

现状交通分析图

现状水系分析图

现状农田作物分析图

建筑风貌类型

双鱼古寺遗址　村口古树　村委会　篮球场　红心猕猴桃生产基地　游步道
五部溪　健身活动场地　集福亭　小卖部　红心猕猴桃栈生产合作社　牌坊（在建）

丰年留客，乐游蒋家
——基于行为策划的蒋家岸村田园综合体规划设计

现状问题分析

青年人口流失

产业发展滞后

设施亟需完善

居住环境恶劣

乡村风貌混乱

人群需求分析

本地居民需求分析

需求　　村庄现状　　需求度（低中高）　　解决策略

改善生活环境：基础设施完善、居住环境改善、生态环境提升

提高经济收入：经济利润增加、生产风险降低、农村品牌打造

外来游客需求分析

食品安全需求：卫生安全达标、农副产品新鲜、生态有机营养

休闲体验需求：特色食宿体验、感受乡土自然、舒缓身心压力

省内市场潜力分析

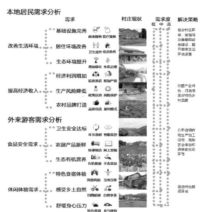

浙江省著名有机农场分布图

浙江省城市旅游投资竞争力全国排名及2016年度美丽乡村特色精品村分布图

有机农业周边城市消费者市场

台州市是农业大市，有机农场数目在浙江省名列前茅，特色农产品有蜜桔、蓝莓、葡萄、黄牛等。发展有机农业经验足，配送链完善。有机农场会费大约在6000元一年，而台州市周边的温州市、绍兴市、宁波市经济在全省排名靠前，消费者市场潜力大，但有机农场数目较少且种类不如台州丰富。从供应方面考虑，宁溪镇蒋家岸村发展规模化有机农业潜力较大。

结合精品村打造多村落的乡野游憩线

台州市的旅游市场虽不如杭州、绍兴、温州等市投资竞争力强，但胜在开发潜力大，台州28个行政村入选2016年度浙江省美丽乡村特色精品村，其中黄岩区有三个，分别是富山乡半山村、宁溪镇乌岩头村、屿头乡沙滩村。而蒋家岸村、乌岩头村、屿头乡沙滩村恰好在"滨太线"金廊工程上，适合驾车3.5小时内的宁波市、绍兴市、温州市、金华市、台州市市民一日游。

地域特色

无污染山林农田

滨太线栈道

自给健康蔬菜

红心猕猴桃

乡村风貌农居

清澈五部溪

游客活动设想

城市居民通过网络联系承包土地，可通过直播观看农场实施状况

作物成熟，通过快速联网配送至城市居民家，或者自行打包

城市居民前往私人农场进行有机农作物种植、收获体验

成为有机农场会员后，农场每周配送蔬果、蛋肉，在家就可以品尝有机农产品

家庭、团队小假期游，体验乡村生活，满足回归田园的心理需求

亲子乐园，儿童和有机农场小动物互动，作为童乐教育基地

举办骑行徒步登山马拉松等团队拓展活动，打造团队凝聚型基地

乡村生态条件优越，可作为中老年康养休养、短期疗养基地

产业策略

STEP1:培育主导产业

CSA农业对外的主导作用 → 建立第一产业与其他产业的联动发展 → 主导产业与内部各产业之间形成积极互动

STEP2:形成产业集群

农产品种类单一，缺乏第二、三产业 → 发展基于众筹的CSA农业 → 形成以CSA为主导的产业集群

STEP3:建立配套设施

以第一产业为主，村内有少量第二产业 → 众筹、互联网+流入多种产业 → 建立与产业配套的公共服务设施

空间策略

STEP1:引入生态节点
住所与农田在空间上分离 → 加入宅间块状绿化，形成空间上的融合 → 建立生态绿化农业节点

STEP2:组织公共空间
缺乏有强集聚性的公共空间 → 塑造分级公共空间，增强人群的交往机会 → 以公共空间为中心组织人群

STEP3:整合游憩空间

引入栈道，将现状田间路肌理整合建设，形成新的路网

板块间种，形成丰富空间

新型农田空间，增加停留空间，形成有活力的景观空间

整合建设，改造后的农田不仅是农作物生长的场所，还可以供人休憩娱乐，形成文化活动的承载空间

文化策略

STEP1:塑造文化场所

互联网文化与农耕文化并存 → 运用众筹手段和CSA模式将互联网与农耕文化相联系 → 在空间上形成承载文化的空间载体

STEP2:完善文化配套

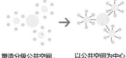

将部分农田改造为农业体验场所 → 建立相互配套的公共服务设施 → 结合农业体验活动，促进村庄发展

STEP3:建立人际关系

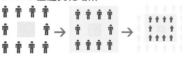

邻里关系在本地居民之间发生 → 众筹者通过互联网与农民联系，改变居民现有关系模式 → 建立本地人与外界的交往关系

丰年留客，乐游蒋家 ——基于行为策划的蒋家岸村田园综合体规划设计

旅游规划——"演太线"徒步路线

规划理念

- 生态农业
- 休闲旅游
- 田园社区

在保障人与自然和谐发展的基础上，打造集生态农业、休闲旅游和田园社区为一体的新型农业园区，充分发掘乡村文化，实现农业、加工业、服务业的有机结合，完美体现本土的生活方式，在原有的生态农业和休闲旅游的基础上延伸和发展，使乡村独有的美丽和活力，为新时代的都市人打造别具一格的世外桃花源，实现城市居民的田园梦。

产业结构规划

人群需求规划

空间结构规划

①农业景观区	→ 农村田园景观 + 农业生产活动 + 特色农产品
②休闲集聚区	→ 为满足由农业景观区带来人流的各种休闲需求而设置综合休闲产品体系，使城乡居民能够深入农村特色的生活空间
③农业生产区	→ 主要从事种植养殖的生产活动，通常选在田间水利设施完善、田地平整肥沃、水利设施配套、田间道路畅通的区域
④生活居住区	→ 当地农民社区 + 工人聚集社区 + 旅馆民宿区
⑤村社服务区	→ 村社服务区是田园综合体必须具备的配套支撑功能区。它服务于农业、加工、休闲产业的金融、技术、物流等需求，也服务于生活居住区居民的医疗、教育、商业等需要

山水/田野关系分析

路线规划分析

基础设施分析

农场运营模式规划

丰年留客，乐游蒋家

——基于行为策划的蒋家岸村田园综合体规划设计

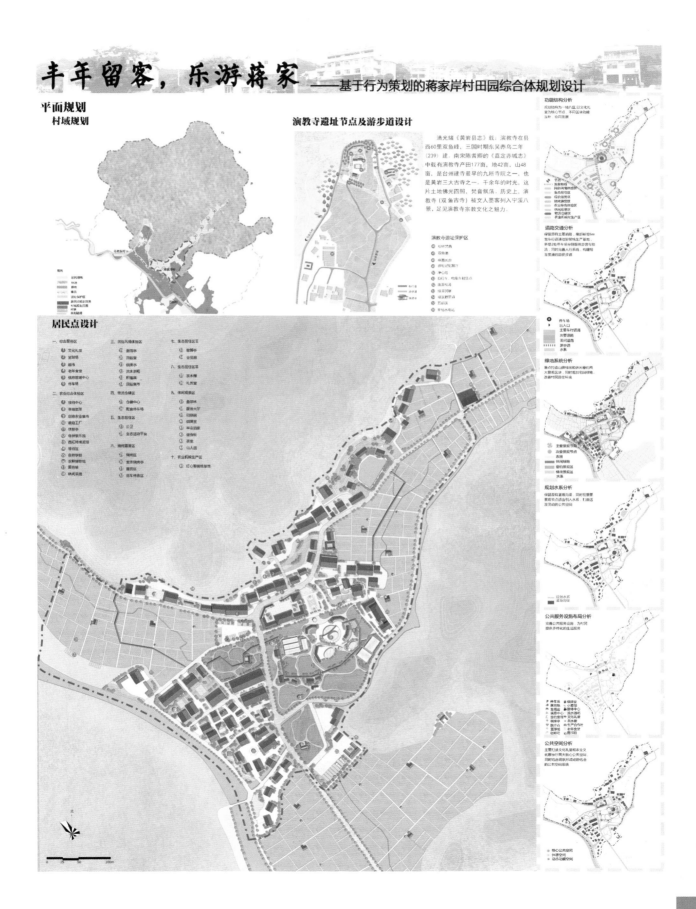

平面规划
村域规划

居民点设计

演教寺遗址节点及游步道设计

清光绪《黄岩县志》载：演教寺在县西60里双鱼峰，三国时期东吴赤乌二年（239）建。南宋陈耆卿的《嘉定赤城志》中载有演教寺产田177亩，地42亩，山48亩，是台州建寺最早的九所寺院之一，也是黄岩三大古寺之一。千余年的时光，这片土地佛光四照，梵音飘落，历史上，演教寺（双鱼古寺）被文人墨客列入宁溪八景，足见演教寺宗教文化之魅力。

功能结构分析

道路交通分析

绿地系统分析

规划水系分析

公共服务设施布局分析

公共空间分析

丰年留客，乐游蒋家 ——基于行为策划的蒋家岸村田园综合体规划设计

农田种植导引

批杷
花期：11-12月
果期：5月

西红柿
花期：5-6月
果期：6-10月

红心猕猴桃
花期：5-6月
果期：8-9月

桂花
花期：9-10月
果期：1-2月

柑橘
花期：4-5月
果期：10-12月

蔬菜园

草莓
花期：4-5月
果期：6-7月

万寿果
花期：7-8月
果期：1月

水稻
花期：6-7月
果期：9-10月

奇异果
花期：5-6月
果期：8-9月

菌菇

我们对农田植物种植进行了全面的改进，在当地原有植物的基础上分别选取了经济作物和观赏性植物改善蒋家岸村植物种类单一的现状。

村庄中部的农田景观赏区主要种植可供观赏和生产体验的西红柿、奇异果、草莓、菌菇类植物。村庄东部和西部则以果蔬为主，种植柑橘、批杷、红心猕猴桃等。村庄南部则主要种植水稻。

同时，道路两侧选择性种植桂花、万寿果等植物，与田间野花一起丰富村庄景观。

蔬菜园农作物搭配导引

黄瓜
芹菜
茄子
西红柿
菠菜
十字花科
豌豆
芹菜
南瓜

节点设计

游憩型节点——雪约中心
原有池塘改造为雪约鱼塘，商业、新建酒家、健身所、茶室等公共服务设施改造，形成休闲体验假中心，提升综合旅游服务水平。

综合性节点——文化礼堂
村庄中心位置新建文化礼堂，为民俗文化展示与村村活动中心，形成村庄核心节点。

综合性节点——农业观光体验园
作为田园综合体的核心，为游客带来集游览、休闲、娱乐、生态于一身的农业特色体验旅游，开放农作物及农副产品的多重功能的绿色生产，利用旅游增加农业大商品知名度，带动当地产业稳定发展。

观赏性节点——花田叠翠
花海律田依托山脚地形顺势而建，得季花开不同，丰富村庄景观，观，结合公共活动场地，形成村中极具吸引力的观赏性节点。

运动型节点——篮球场
将原篮球场迁至文化礼堂旁，服务本地青少年，打造村庄运动型节点，增强村庄活力与凝聚力。

生态型节点——园林氧吧
充分利用河边空地，本富宅间绿化，形成人工湿地，打造亲近宜人的公共活动空间。

休憩型节点——棋牌亭
居住区中心设置可供人休憩、娱乐的棋牌亭，为居民提供休憩型公共活动空间，提升居住环境质量，增进居民之间的交流沟通，增强当地居民的文化认同感与归属感。

全景鸟瞰图

丰年留客，乐游蒋家
——基于行为策划的蒋家岸村田园综合体规划设计

建筑与场地设计
建筑风貌导引

居住建筑			公共建筑			建筑小品

住宅一
造型和颜色都较符合乡村风貌的新建筑，白墙黑瓦与自然景观不冲突。

住宅二
造型符合乡村风貌但颜色过于跳跃的新建筑，建议立面颜色改为白色或米色。

住宅三
新中式建筑，为居民新建建筑的主要引导实例。

旅店
原集中居住区四层的长条形建筑，刷新立面和屋顶，与周围建筑协调。

小卖部
原小卖部等木构件为主的建筑，经改造加固，刷新立面。可做特色民居。

半山酒家
半山酒家，滨水茶室。凸显农家特色和乡土风情。

体验田里的休憩亭
体验田里的休憩亭，丰富农田景观，增加游览趣味性。

景观节点设计

运动场地 60% 40%
运动场地以铺地为主，绿地为辅，带有多种运动设施。

自然场地 95% 5%
草地和小树林可以保持生态和物种多样性。

滨水场地 20%
滨水景观可以保持水土并净化空气。

演出场地 92% 8%
演出性场地需要开敞的空间和少量可移动设施来支持户外活动。

小型广场 40% 60%
小型广场可作为游客体验的场所。

农田装置设计元素
① 农田步道　② 休憩亭　③ 休息廊道　④ 农田与果树　⑤ 树阵　⑥ 行旅凉亭

旅游专题规划
居民点游览路线设计

11:00-11:30 双鱼古寺 参观展览厅
服务点
自行车租赁点
START 9:00-10:30 自乌岩头村　7:00自台州出发
第二天8:30 通往登山栈道 END
13:30-15:00 休闲景观区 钓鱼午休
12:00-13:00 综合服务区 入住吃中饭
13:00-13:30 文化礼堂 参观购物
15:00-17:00 农业综合体验区 采摘果蔬
20:00 民宿入住
第二天7:30-8:00 参观集福寺
17:00-19:00 烧烤露营区 烧烤露营
19:00-19:30 民俗风情体验区 缘溪散步
第二天7:30 快递点 寄送纪念品
19:30-20:00 流水茶吧 喝茶聊天

图例：
赶路　寺庙　饮食　参观　休憩　垂钓　采摘　烧烤　露营　住宿　快递　爬山

二维码平面分布图

二维码功能分类：
导览——二维码自助语音导览系统——把所有景点或展览品的解说信息音录入系统资料库，游客只需用手机对景点或展览品标牌上的二维码图像进行扫描，就可以听到解说和浏览详细信息

消费——二维码支付——游客通过手机客户端扫拍二维码，便可实现与商家支付宝账户的支付结算

运营——二维码排队——游客在服务大厅通过扫描二维码就可以快速取到所需办理事项的排队票号，大大节约排队时间
二维码物流——通过扫描产品包装上的二维码，对物流全过程进行实时跟踪、识别、认证、控制、反馈，避免数据的重复录入

停车——二维码停车缴费——游客通过支付宝的智能停车服务，提前在手机上扫描二维码就可完成缴费；部分智能停车场还可以实现自动缴费，出口的摄像头可自动识别车牌号，并通过支付宝账户完成扣款

运动——二维码获取运动信息——通过二维码建立个人健身信息，安排合理的健身方式，记录健身时间和消耗热量

导视系统设计
以尊重自然为前提，排除装置对景观的干扰，利用更贴近自然的材质——当地的木材和石材，始终遵循乡村中人与自然的融合理念。

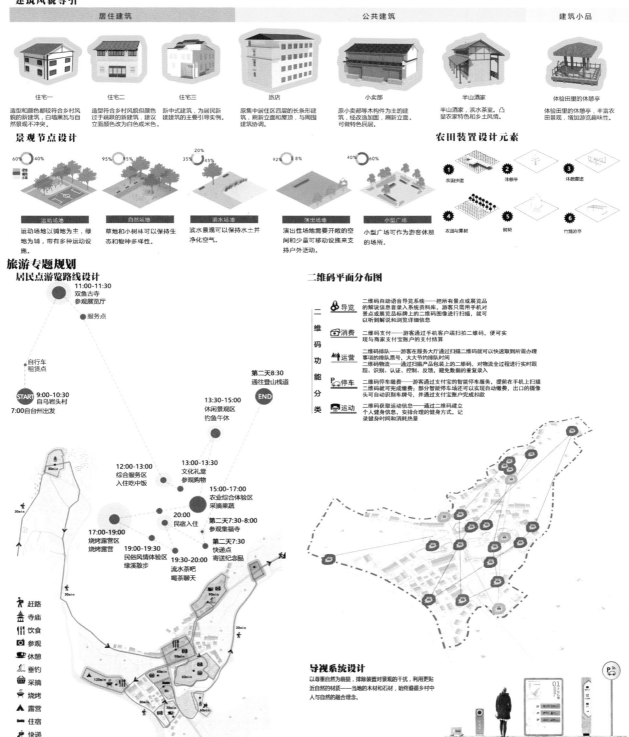

浙江农林大学

归园禅居，意适向晚——头陀镇崇法村规划与设计

教师感言：

　　此次竞赛的重要性是不言而喻的。对于学生而言，设计竞赛是培养综合素质的重要途径，有利于提高学生的专业能力，有利于培养和提高他们的发散思维和逻辑思维能力，有利于培养他们的团队协调能力和独立自主的能力，培养他们坚强的意志和良好的心理素质。所以此次竞赛还是很有意义的，在解决实践问题中锻炼了学生，同时也锻炼了自己。最后，希望大学生"乡村规划与创意设计"竞赛越办越好！

团队感言：

　　此次大学生"乡村规划与创意设计"竞赛建立在深入了解崇法村当地居民生活、生产的基础状况上，根据切实条件我们对崇法村这么一个空心村形成的原因进行深入思考，团队成员各抒己见，深入挖掘场地矛盾。在综合评价村庄的发展条件后，分析村庄发展优势、潜力与局限性，明确了崇法村发展禅意养生养老的旅游品牌发展模式。通过推敲第三产业的发展策略，进行项目业态策划。将村庄整体格局、公共空间组织、景观节点等与环绕村庄的精品线结合起来，形成崇法寺一个新的整体脉络，努力提高崇法村的宜居性、宜游性、宜赏性。通过团队合作、互相帮助，我们最终一起完成了此次以"归园禅居，意适向晚"为主题的竞赛。希望通过我们的规划设计，崇法村能够改变现在经济落后的面貌，从此走向繁荣发展的康庄大道。

　　在此，衷心地感谢一直陪伴我们团队成长的四位指导老师，没有他们的悉心指导，我们团队不会成长得这么快。也希望我们团队的所有成员在规划设计这条路上越走越远、越来越成熟。

归园禅居，意适向晚

头陀镇崇法村规划与设计

区位分析

27.7km
从台州市汽车客运总站出发

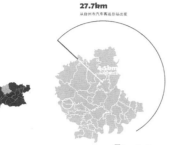

Tai zhou   **Tou tuo**

黄岩区全年天气类型比例分析   黄岩区平均每月降雨天数   黄岩区平均每月最高温度   黄岩区平均每月最低温度

崇法村位于浙江省台州市黄岩区头陀镇北部，全村总面积1.27平方千米，辖4个自然村186户，总人口710人，耕地面积483.4亩，山林面积1194亩。农民大多以种植茭白和粮食等经济作物为主。交通条件较好，村主干道已全部硬化；水资源较丰富；区内均为低丘缓坡地带，交通条件较好，距头陀镇4.5千米，距黄岩市区14千米。
属亚热带季风气候，全年温暖湿润，无旱无冻，适宜人居住生活、农作物生长。

现状分析

自然要素

■ 风
村庄位于山端处，既不受冬日西北风吹拂影响，夏季东南风能够部分通入达到舒缓高温的作用，同时场地内部形成小气候，存在一定程度冷暖调节作用。

■ 水文
由于三面环山，山泉由山谷汇入溪流，流经村庄，供居民生活、生产使用。水流四季不断，水质清澈，同样为动植物提供良好生境。

■ 声
与市镇具有一定距离，背后青山为屏，入口处溪埂村同样为该设计场地提供屏障作用，阻隔一定的喧嚣嘈杂。因此场地内部相对封闭幽静，适宜度假养生。

■ 地形坡面
村庄周围山体与村庄内部高差较大，部分建筑位于缓坡，大部分地区依旧以平地为主，以山为靠。

构成要素

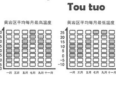

■ 道路
村庄主路由村外单刀刃入，尾部成环，农田部分由部分二级路、三级路串联。水边路网稀疏，亲水性较差。

■ 建筑
建筑主要沿主路布置，成三块状集散布局，密度适中。

■ 水体
水体以溪流为主，体量不大，由山谷处汇流而下，蜿蜒穿过整个场地，部分靠近民居。

■ 农田
农田占据场地中大部分土地，北面大量成片农田，形成良好景观。

现状背景

文化背景

禅文化：崇法村村名来源于当地崇法寺，相传由苦行僧将禅宗文化带来此地，后修建寺庙，逐渐形成村落雏形。至今仍有节庆在寺中举办活动，请法师传诵经文的习俗。如今村内有佛寺三所，属崇法寺香火较旺，寺院基础设施最为完善。

人口背景

有关部门记录当地共186户，总人口数为710人。经过实地考察，该村实际人口不足400人，其中60岁以上老年人口占绝大多数。全村房屋一半以上呈现常年无人居住状态。大部分老人精神状态良好，打理田地，念诵经文。但由于村内基础服务设施较差，村民生活单调，缺乏精神娱乐活动，日常锻炼方式也较为单一，在耕作劳动的同时增加活动量。部分孤寡老人生活需他人照料。

遭慎要素

■ 建筑年代分析
建筑多数为2000年以后翻修建造，保留部分20世纪80年代以前木结构建筑。

■ 居住情况
大量建筑目前已无人居住，年久失修，只有将近一半建筑仍有居民居住，房屋维护情况相对较好。

■ 建筑风貌分析
全村建筑风貌基本较为良好，部分老建筑独具当地特色，利于后期改造利用。

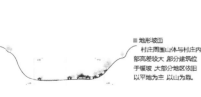

■ 建筑层数分析
2000年以后的建筑普遍层数集中于3-4层，部分区域三层以上建筑过于密集，视线关系处理不当，需适当改造。

归园禅居，意适向晚 规划篇02

产业背景

名村
利用拥有的天然资源优势与廉价劳动力
区域资源分布的石材独立产业
制作高品质石材原料加工工作。

本村
零售本村的石材加工毛坯销售出去，
利用当地资源与村民劳动力工作，
推进整体的石材原料加工工作。

模具
台州市黄岩有约模具厂是
一家有限责任公司，注册
于密法村，公司运营模式
为生产型。不断提升企业
的核心竞争力，使企业
发展中树立起良好的社会
形象。

柑橘
黄岩区被称为"中国蜜橘之乡"
有规模种植地柑橘、杨梅、枇杷、菜，受人喜爱。
推广规模提高生产，受人喜爱。

寺店
由具有悠久历史背景的浙法寺
与一座小型新兴起的寺庙所组成，
平日法事等活动频繁，香火兴盛。

一产
场地中主要以桃林种植为主，部分菱白、水稻、葡萄、枇杷、梨种植。然而生产力低下，田间劳作者多为60岁以上老人，未引进现代先进种植技术。

场地内用地分布图

二产
当地无重工业生产，村民在进行田间劳作的同时还会承担一部分轻工业生产，如木材加工、石材加工，对环境影响较小，同时能带来一定经济收益。

三产
场地内部无历史遗迹或风景名胜景点，知名度小，不具备旅游产业体系。然而背山靠水环境清幽，适宜度假养生休闲旅游。周边旅游资源丰富，拥有大量的自然旅游资源及人文景点。因此对于第三产业的开发具有一定的潜力。

产业背景

周边旅游品牌

周边旅游产业

周边旅游资源

机遇与挑战

劣势
1. 农业生产较为单一，基本以手工劳动为主，未引进新兴科技带动发展，无农副产品生产形成产业。

2. 村内有少量木材、石材加工坊，生产效率低且经济收益较少。

3. 村庄旅游业尚未开发，在互联网+旅游时代，与外界脱节严重。

4. 空村现象严重，大量劳动力外流，村内老龄化严重。

5. 村庄地理环境位于山坳处，东面有溪道相通、下品村阻断村庄与外界交流，其他三面被山体包围，村庄内部较为孤立，似有与世隔绝之意。

转劣为优

优势
1. 农业生产采用人工方式未引进机械生产，农药使用量较少，生产模式较为自然原始，利于外来人群体验传统农业劳作模式，与土地零距离基础，感受农耕文化的博大精深。

2. 村庄内及村庄周边无大型工业生产加工基地，环境良好，远离城市污染问题，营造良好的休闲养生场所。

3. 当下旅游的尚未开发，蕴藏了村庄发展的无限可能，在无商业化的背景下，自然资源被完好保留，生态原始的环境基础是场地最大的优势所在。

4. 人口的外流同样带来的是生态环境的改善，村庄环境受人为干预较少，大量土地可在保护的前提下开发利用。同时一定程度上有效避免了开发过程中与当地原有村民产生一系列不必要矛盾。

5. 村庄的地理位置具有一定的隐蔽性，保证了在一定程度上有效外界干扰。结合场地原有的禅意文化，为场地中活动的人群带来远离世俗的韵味，如桃花源一般清幽避世，提升场地精神情怀。

现状桃林

现状林地

现状农田

现状房屋

现状木建筑

现状河流

现状竹塘

现状水塘

归园禅居，意适向晚　　规划篇 03

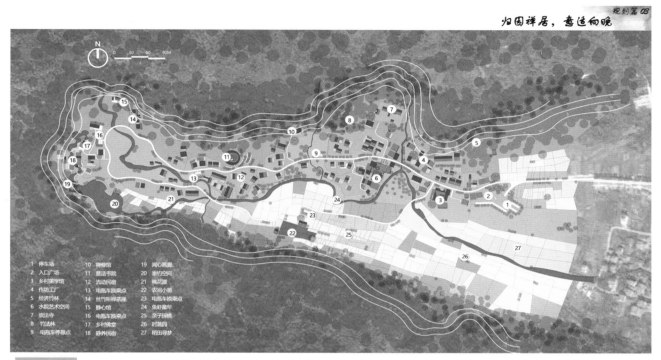

N　0　30　60　90M

1 停车场	10 禅修馆	19 问心溯廊
2 入口广场	11 意适书院	20 重忆空间
3 乡村美学馆	12 流动民宿	21 桃花源
4 作坊工厂	13 电瓶车换乘点	22 农间小趣
5 经济竹林	14 丝竹问禅茶座	23 农间广场
6 水院艺术空间	15 静心馆	24 鱼虾童年
7 崇法寺	16 电瓶车换乘点	25 亲子采摘
8 竹法林	17 乡村禅堂	26 时蔬园
9 电瓶车停靠点	18 静养民宿	27 稻田寻梦

设计构思

逻辑思路

当下城市污染严重，生活压力较大，在社会主义现代化的进程中城市人口在满足物质需求后，更多的是希望身心得到修养，获得一个精神家园。崇法村随着当地人口不断向外迁移，人口老龄化问题严重，老人的物质生活与精神生活难以得到保障，人口问题成为崇法村当下最为严重的问题。

但正因人口较少，生态环境较人口密集的其他地区保护良好，大量土地可供利用。崇法村又由禅宗文化作为背景，适于发展禅意文化。因此提出禅意养生村的概念，在满足外来人口的精神文化需求的同时，满足当地人口的物质经济发展。以当地人口以及外来老龄人口作为主要常住人口，外来年轻人口作为流动人口，打造以休闲养生禅意为主题的现代村落。

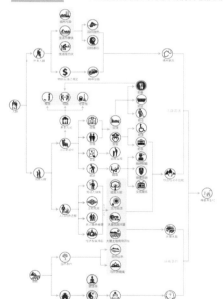

策略
场地设计初衷，为的是为人所用，人类活动为场地赋予新的意义

完善基础设施
通过修复村内已有基础设施，并新建书院、美学馆、茶室、活动中心、公共活动空间、宅边绿地等方式，完善基础设施。通过以完善发达的基础设施模式，塑造以高端村落形象，逐渐带动人口回归。减缓并扭转村落的发展态势，通过以劳动力的带动逐步复兴已有农产业，并为发展第三产业带来一定的人力基础与设备基础。

丰富产业模式
以旅游+模式，利用场地中田、工坊、商店、展厅、院落等，开发生产加工销售模式，参观旅游模式、参与体验模式。提供以教育场所，就业机会，增加消费，传承场地原本的生活印记。通过云服务平台建立场地内部与场地外部的联系，同时带动场地内农副产品、手工艺品的推广销售，以及场地的知名度，吸引不同需求的人群，带动场地活力，在不失原本风貌的条件下迈向富硕的道路。

常住人口引入
（1）老年人组团"同居"模式
与传统养老机构相比费用较低。相互熟识的老人之间居住位置较近，便于交流而同时具有一定私密性，相互扶持照顾，有必要时联系工作人员。
（2）艺术修养模式
场地以禅宗文化作为背景，充分发挥禅意文化对场地的影响，将禅意文化融入于宗教、思想、艺术以及生活的方方面面。吸引以同样艺术追求的自由职业者入住于该村。

流动人口引入
（1）探亲模式
基于老龄人口在该场地生长住，周末假期探亲人群将成为一定的流动人口。
（2）度假模式
场地依山傍水，为城市人口提供良好的度假休闲之所。结合禅意文化，为长期居住于城市中的人群提供修身养性、释放精神压力的场所。
（3）服务模式
场地吸引老年人口及外来青年人口的同时带动当地服务业发展，吸引服务行业人口迁入。

产业模式

■ 乡村体验

■ 文化创意

■ 开发模式

生活模式

■ 慢生活
■ 乐生活

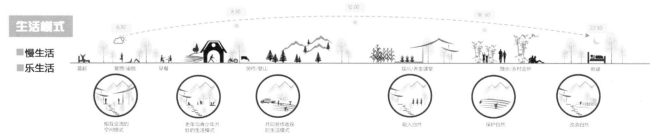

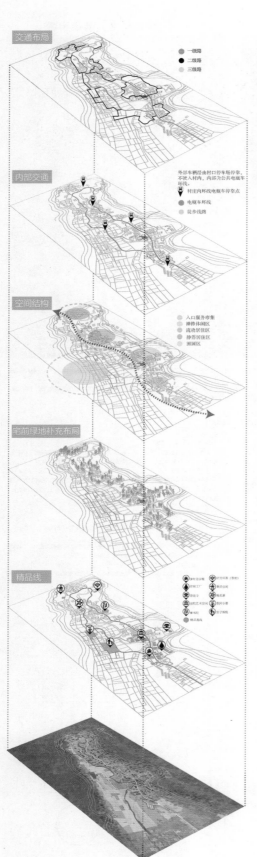

交通布局

一级路
二级路
三级路

内部交通

外部车辆经由村口停车场停靠，不进入村内，内部为公共电瓶车环线。

村庄内环线电瓶车停靠点
电瓶车环线
徒步线路

空间结构

入口服务市集
禅修体闲区
动态居住区
静态居住区
田园区

宅前绿地补充布局

精品线

活动策划

归园禅居，意适向晚

作坊实践

酒艺作坊
桃树作为当地种植面积最大的经济树种，除直接销售新鲜桃子之外，传统工艺桃花酿同样也可以作为农副产品销售，可购买已酿好的新鲜果酒，同时也提供亲身体验的平台，在动手劳动的过程中体悟传统手艺文化的意义，也为体验者提供真正的无添加纯天然产品。

桃核作坊
将生产过程中发育不好或受虫害等无法销售的桃果回收利用，取其桃核进行工艺品制作。参与者可根据自己的喜好将桃核进行改造，串联切割创造出自己设计独一无二的手工制品。

竹雕作坊
翻簧竹雕作为黄岩地区十三个国家级非物质文化遗产之一，是浙江黄岩的汉族传统工艺，始创于清同治九年，已有百余年历史。翻簧竹雕因雕刻在毛竹内膜的簧面上而得名。雕刻各种山水、人物、花鸟图案，再配上其他装帧材料，制成各种工艺品。基地周边山坡有大量竹林种植，可被适当开发利用，用于手工艺生产体验。

纸布作坊
竹纸制作技艺为黄岩地区的省级非物质文化遗产，传统手工艺制纸技艺同样可以作为一大特色供游人体验观赏。除竹制纸以外，动物粪便除了日常作为肥料利用之外，食草动物粪便同样也可作为制纸的原料使用，以环保的手工方式促进物质的循环使用。

陶艺作坊
陶艺是中国传统的古老文化。随着陶艺热的逐步升温，陶艺制品获得越来越多人的青睐，亲手做陶艺成为人们工作学习之余放松精神释放自我的又一休闲方式。

染布作坊
染布作为江南的传统手工业之一，展现了农耕文化独到的内涵，通过简单的体验传统染布技术感受祖辈所传承的文化。

田间体验

农耕文化作为中国的古老传统文化拥有着深厚的历史背景，当下不仅是青少年的自然教育，成年人更多的希望回归自然、回归本源，在忙碌的生活中找到属于自己的一番天地。

四季田园
春：桃果采摘、挖竹笋、采野花、花艺制作
夏：采茭白、采葡萄、摸虾、捉泥鳅
秋：番茄采摘、丝瓜采摘、水稻收割、挖番薯
冬：挖冬笋、播种、"为树穿衣"

农家菜下园体验
由农田里新鲜收割的瓜果蔬菜带入后厨自行加工或代加工，体验从田间到餐桌零距离的食材新鲜度，品尝亲手所得劳动果实的快感。

动物饲养（鸡、鸭、猪、牛、羊）
针对亲子活动，与动物零距离接触，感受人与自然的和谐相处。

丛林探险

登山
利用三面环山的良好自然环境，在当地向导的带领下探寻野路登山，沿路欣赏当地自然景观，感受山顶俯瞰山脚村庄的视觉享受。

垂钓
场地中原有的两方水塘经整治开发为景观水塘，供游人钓鱼、观赏。

定向寻宝
定向寻宝是一种风靡全球的利用GPS藏宝与寻宝的游戏。"宝藏"可能只是一个毛绒玩具或一个钥匙圈，寻宝过程却能满足人们户外活动锻炼、休闲与娱乐的目的。使参与者重新接触大自然。当下定向人群不仅限于青少年人群，更是风靡于退休人群，利用新科技玩"捉迷藏"。

休闲养生

禅修班
跟随当地僧人感受正常早睡早起的规律生活，早课、晚课远离手机，回归原始的自然生活，放松心灵，卸下一切的精神负担。

养生课堂
包括瑜伽、冥想、绿色食疗等一系列活动，净化身心，使人心境平和。

现状改造模式

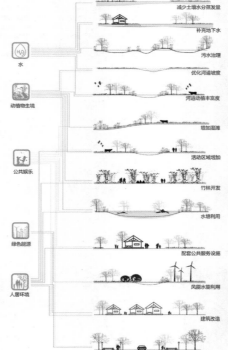

水 — 减少土壤水分蒸发量
补充地下水
污水治理

动植物生境 — 优化河道坡度
河道动植丰富度
增加湿滩

公共娱乐 — 活动区域增加
竹林开发
水塘利用

绿色能源 — 配套公共服务设施
风能水能利用

人居环境 — 建筑改造
基础设施建设

改造意向

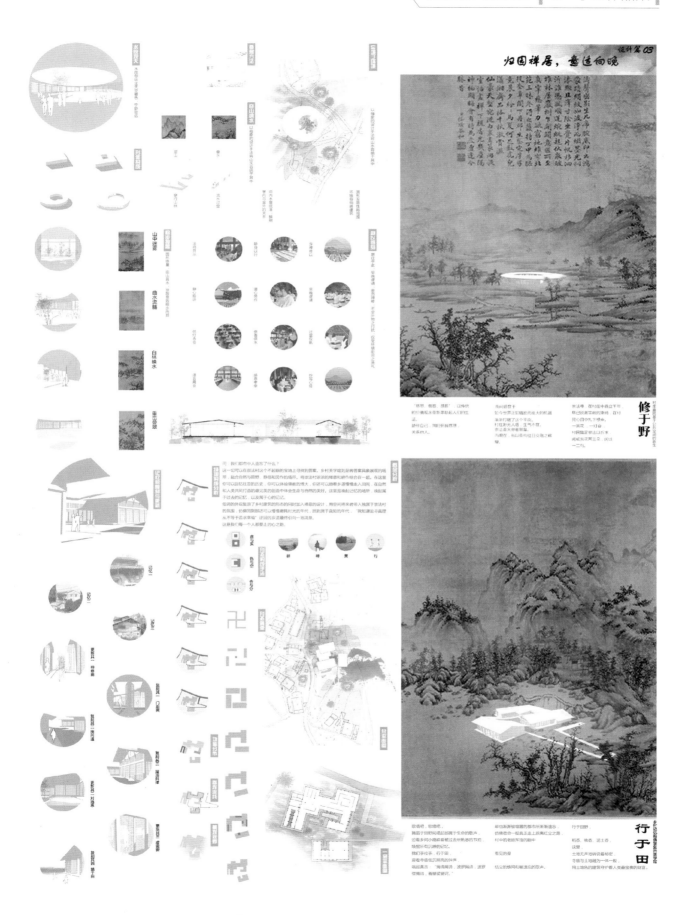

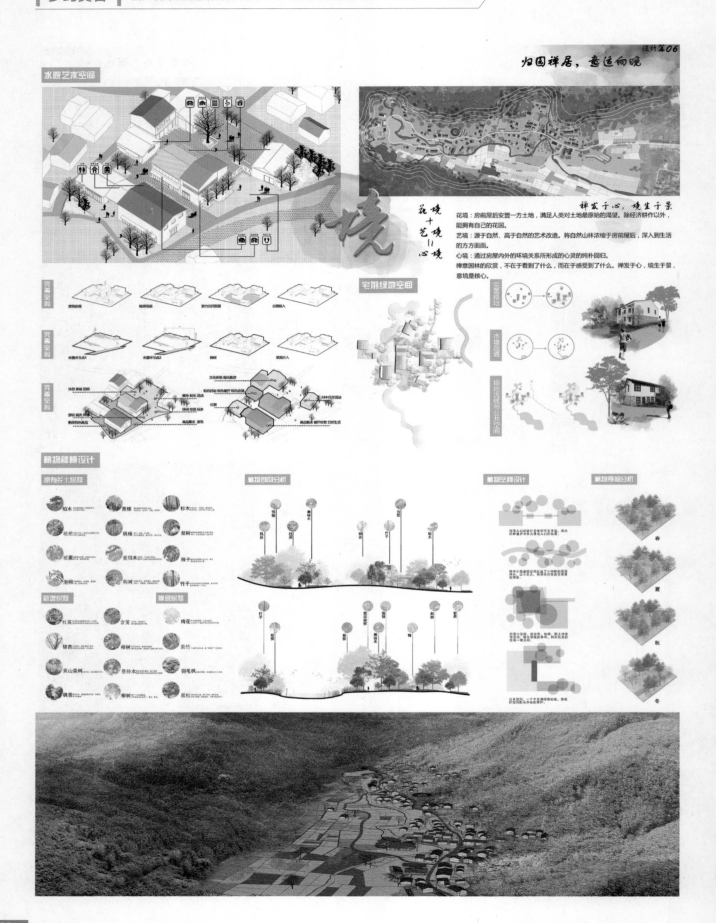

浙江农林大学

禅意山水　江南菰乡——传统"文化空间"与自然"生态空间"的融合

教师感言：

　　没有窘迫的失败，就不会有自豪的成功；失败不可怕，只要能从失败中站起来！将课堂学习的间接经验与现实生活的直接经验结合起来，把课堂学习与现实生活统一起来，构建学生感兴趣的并能自觉主动进行的生活活动。在这次比赛中掌握知识、发展技能，让学生在活动中实现自主、合作、探究，使他们成为自己的主人。

团队感言：

　　在完成作品的阶段，我们渐渐地成熟了许多，也有很多感悟。有四点我们认为很重要：首先，深知只有脚踏实地学习、工作才能掌握扎实的知识，一分耕耘一分收获。其次，学习没有止境，要时刻抱着谦虚的学习态度和严谨的治学态度，只有不断地更新已有知识并努力向前探索才能有所作为。再次，学会独立思考和多思考，培养敏锐的观察力，因为在实际当中多思考和敏锐的观察力对于解决问题至关重要。最后一点，要珍视团队的力量，努力吸取他人的优点，学会互补并利用优势资源，因为善于交流和多沟通表达会让人认识到自身的不足，促进更好、更快的成长。

　　通过这样一次设计竞赛，能和不同学校的精英们共同进步，相互学习，我们不虚此行，心存感恩。

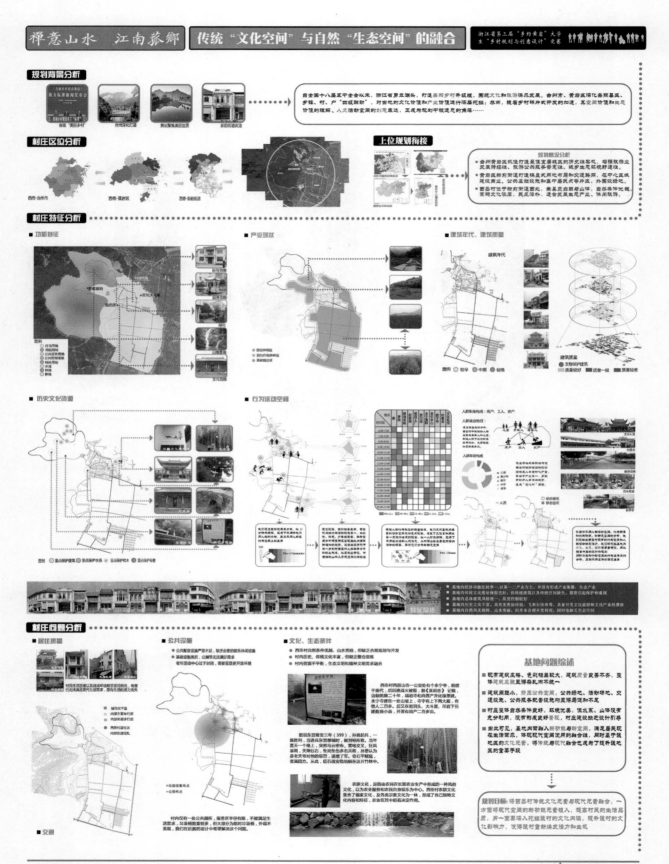

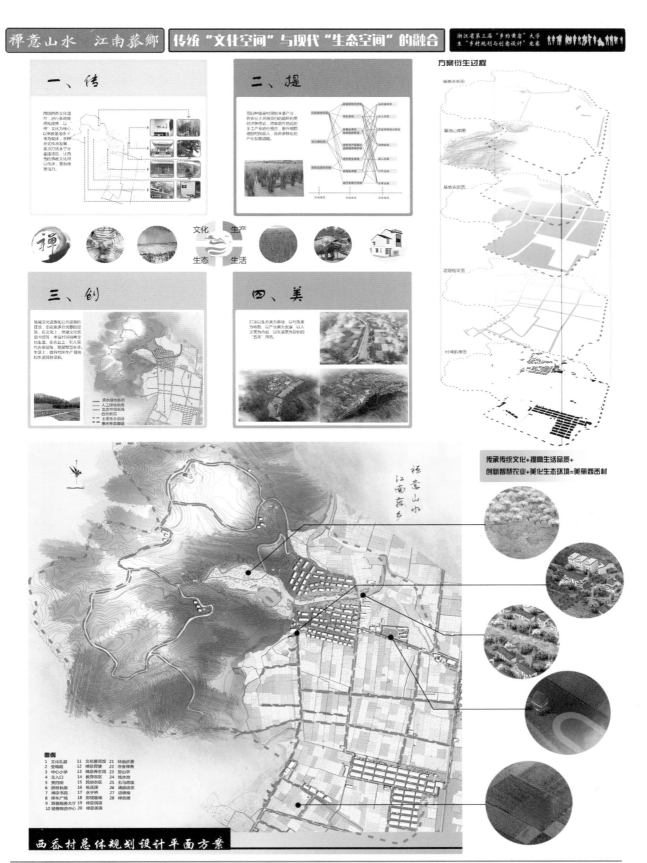

禅意山水　江南菰乡　传统"文化空间"与现代"生态空间"的融合

浙江省第三届"乡约黄岩"大学生"乡村规划与创意设计"竞赛

一、传

二、提

方案衍生过程

三、创

四、美

传承传统文化+提高生活品质+
创新智慧农业+美化生态环境=美丽西岙村

西岙村总体规划设计平面方案

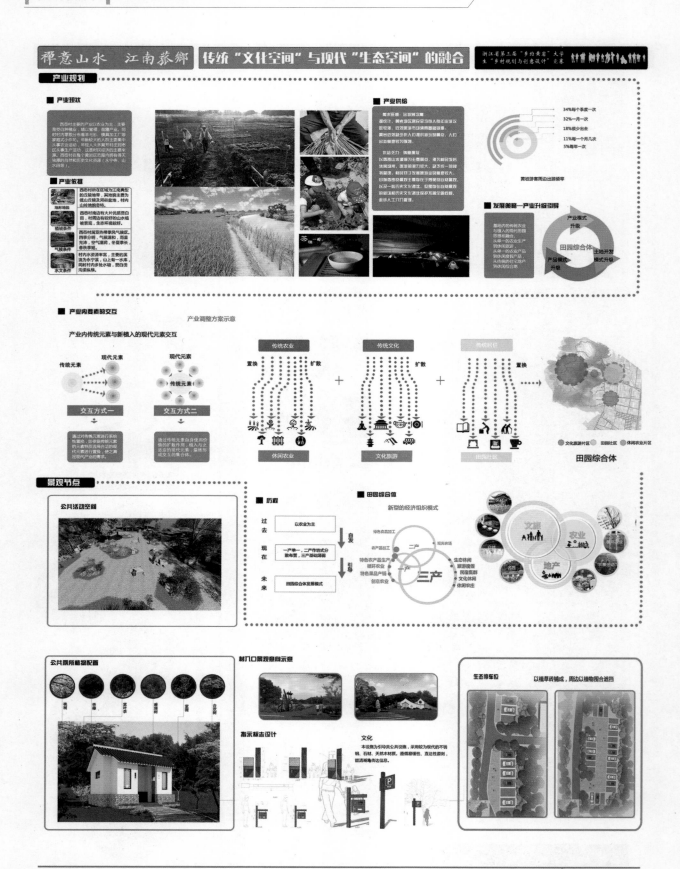

禅意山水 江南菰乡 | 传统"文化空间"与自然"生态空间"的融合 | 浙江省第三届"乡约黄岩"大学生"乡村规划与创意设计"竞赛

建筑庭院改造方案

庭院改造

设计说明：西岙村本身建筑结构较好，在保留原有建筑结构的情况下，建议对老旧建筑进行修补。现要作为连接各部空间与公共空间的过渡地带，因管理无序而存杂乱无章的情况，故将其定位为改造设计重点。

建筑设计

前视图　左视图

后视图　右视图

户型设计

设计说明：西岙村建筑多采用坡屋顶，建筑内部空间明亮，分隔空间开通，建筑户型皆符合村民起居需求和自然，采用坡的视觉的整齐。开放的隔层空间和流动家庭休闲室的其他功能房间，可满足不同家庭人数需求。

三层平面图

剖面图一

二层平面图

剖面图二　一层平面图

滨水空间设计

优点：滨水石格简约实用；
山水景意，可开发潜力大
缺点：村内用地较小开阔过不齐
缺乏河道缺乏人文气品

生态手段：滨面水生植物，丰富水域层面；滨面一亲水平台；高墙比筑立面改造；墙面滨水步道护栏；临水滨面绿化，水域水质清新。

旅宿设计

旅宿方案一

旅宿方案二

鸟瞰图

禅意山水
江南菰乡

浙江科技学院

水碧出云坊　半岭源流长——富山乡半岭堂村村庄规划设计

教师感言：

　　2017夏初，浙江黄岩迎来了第三届高校的乡村规划与创意设计教学竞赛。冒着滂沱大雨和酷热骄阳，我们怀着极大的兴趣分别于6月底、7月底走访了两个村落，感受到乡村山水和传统文化的特色以及不同的景观。面对优良的自然生态环境、顺应地形的村落布局、丰富的建筑空间组合及建筑风貌，我们有了信心和热情去思考设计。同时，看到稀少的老龄村民，乡村没有活力，越发觉得乡村规划的责任重大了。同学们经过资料的收集和整理，提出了很多规划设想，多次讨论后达成共识，最终形成了设计方案。在整个过程中，大家团队合作愉快，较好地完成了各自的任务，不同年级的同学互助互学，建立了深厚的友谊。

　　感谢浙江工业大学搭建的平台，为各个学校的乡村规划教学提供了实践机会，也为职业素质的培养奠定了基础。

团队感言：

　　我们团队中很多队员第一次经历了结合实际情况设计方案的体验，在与村民们的座谈会中也意识到我们的规划设计要结合实际和民意，顺应自然。

　　在这几个月的时间里，我们不仅学习了乡村规划相应的专业知识，还与队友建立了深厚的友谊，最后看到最终成果满满的自豪感也是最大的满足。然而，我们的路还很长，我们会一直将此次经历铭记心中，不断学习，不断成长。

水碧出云坊 半岭源流长

——富山乡半岭堂村村庄规划设计

区位分析

台州市在浙江省的区位

黄岩区在台州市的区位

半岭堂村在黄岩区的区位

上郑乡
宁溪镇
富山乡
上垟乡

周边镇区区位

项目概况

半岭堂村位于浙江省台州市黄岩区富山乡境内，位于黄岩溪最大支流联丰溪的上游，宁溪至富山公路的半山之上。村庄沿溪而建，拥有丰富的物产资源和悠久的历史文化传统。半岭堂又是竹纸的生产基地，手工造纸的传统技艺历经千年风雨而保存完好。半岭堂村规划用地3.64公顷，规划人口520人。人均建设用地80平方米/人，现状共有237户村民，人口数750，现村庄用地面积约为4.75公顷。

贰 水碧出云坊 半岭源流长
——富山乡半岭堂村村庄规划设计

政策背景

宏观背景——新型城镇化
目前新型城镇化已成为新时期的国家战略,新农村建设是其中非常重要的一个工作环节。党的十八大报告首次提出了"美丽中国"这一理念,指明我国乡村建设的方向。树立尊重自然、顺应自然、保护自然的生态文明理念,建设可感知、可评价的"美丽中国"。

中观背景——浙江省乡村建设
浙江省乡村建设通过了十多年的努力,走出了一条从村庄整治、美丽乡村、美丽浙江再到美好生活的道路。

微观背景——黄岩区乡村建设
十三五期间,黄岩区以美丽乡村建设为目标,做美乡村发展平台,发展乡村旅游、精品农业等,打造一批示范性的区块。其中,随着城市化的不断加速,生产方式由第一产业向二、三产业转移,半岭堂许多村民走向城市,乡村人口流失严重,亟需更新以恢复其活力。

造纸文化历史

民国时期	民国十九年	中华人民共和国成立后	"文革破四旧"时期	改革开放后
起源期	发展期	兴盛期	没落期	传承
黄岩地区的手工造纸由竹纸转为千张纸。主要生产场地富山、宁溪、上郑等乡。	黄岩地区其他类型手工纸也停止生产,千张纸是唯一生产的品种。	千张纸的遗址作为一种低档的迷信纸张在黄岩县宁溪、富山一代广泛生产。	千张纸有很大的市场需求,但千张纸的生产一度中断。	千张纸的市场,只有半岭堂仍然保持了古法造纸的技艺。

现状格局
建筑分析
水系分析
道路分析
菜地分析
现状平面

建筑分析

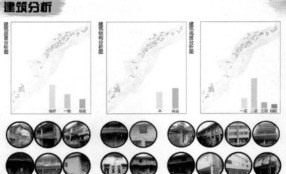

造纸工艺价值

历史价值:
黄岩手工造纸,不仅历史悠久,还推动了台州乃至全国的书画业的发展。在唐宋时已生产藤纸和玉版纸,玉版纸系古代书画名纸。

文化价值:
玉版纸系古代名纸,是一种洁白紧致的精良笺纸。尤为北宋书画家喜爱,黄庭坚曾作诗:"古田小笺惠我真,信知翠翁能解玉。"

民俗价值:
有助于后人认识古代劳动人民对自然资源特别是竹资源与水资源的利用,认识古代劳动人民制作水碓及其他造纸器具的智慧和创造性。

实用价值:
为民间信仰、民俗服务。它是民间百姓逢年过节、祭祀祖先、纪念亡灵、奉行孝道必不可少的民俗生活用品。

交通状况
村内以黄永古道为主要道路,故无法通车。而半岭堂村沿长决线两侧延伸,故交通较便利。在村委设置一公交车站,距离宁溪镇约6.5千米。交通区位优势较小,交通设施水平无法满足自身发展的需要和居民们的生活需求。

设施状况
村内基础设施较欠缺,曾有小学、信用社、服务站,现都已经废弃;村内已基本实现水、路、电、电视、电话五通;农户住房整体以砖混以及木结构为主,村北住房以木结构为多,村南住房以砖混结构为多。

造纸工艺现状问题

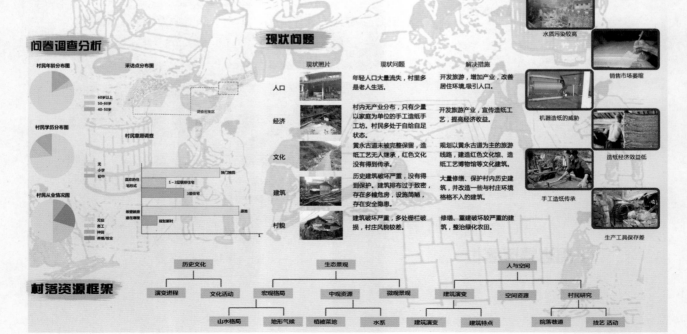

水质污染较高
销售市场萎缩
机器造纸的威胁
造纸经济效益低
手工造纸传承
生产工具保存差

问卷调查分析
村民年龄分布图
采访点分布图
60岁以上 50-60岁 40-50岁
调查住宅区
村民学历分布图
村民意愿调查
无 小学 初中
家门前地
1-2层联排住宅
3层住宅
村民从业情况图
无业 务工 种田 养殖/牧业
高级住宅建设形式
规划新村
农田

现状问题

	现状照片	现状问题	解决措施
人口		年轻人口大量流失,村里多是老人生活。	开发旅游,增加产业,改善居住环境,吸引人口。
经济		村内无产业分布,只有少量以家庭为单位的手工造纸工坊。村民多处于自给自足状态。	开发旅游产业,宣传造纸工艺,提高经济收益。
文化		黄永古道未被完整保留,造纸工艺无人继承,红色文化没有得到传承。	规划以黄永古道为主的旅游线路,建造红色文化馆、造纸工艺博物馆等文化建筑。
建筑		历史建筑破坏严重,没有得到保护,建筑排布过于教密,存在多栋危房,设施简陋,存在安全隐患。	大量修缮、保护村内历史建筑,并改造一些与村庄格局不入的建筑。
村貌		建筑破坏严重,多处栅栏破损,村庄风貌较差。	修缮、重建破坏较严重的建筑,整治绿化农田。

村落资源框架

历史文化 — 演变进程、文化活动
生态景观 — 宏观格局、中观资源、微观景观
人与空间 — 建筑演变、空间资源、村民研究
山水格局、地形气候、植被菜地、水系、建筑演变、建筑特点、院落巷道、技艺活动

水碧出云坊 半岭源流长
——富山乡半岭堂村村庄规划设计

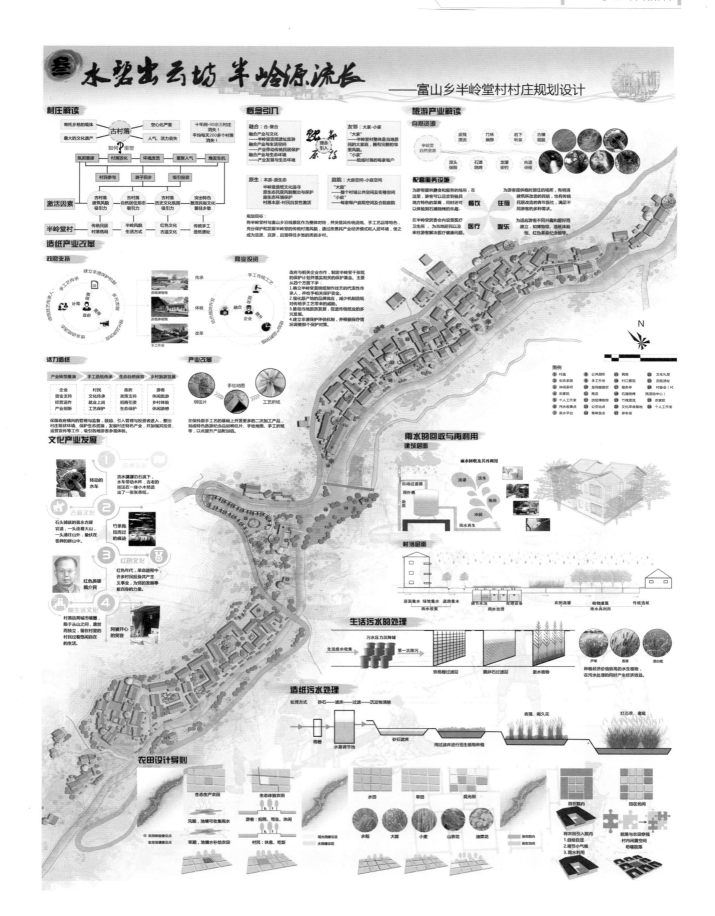

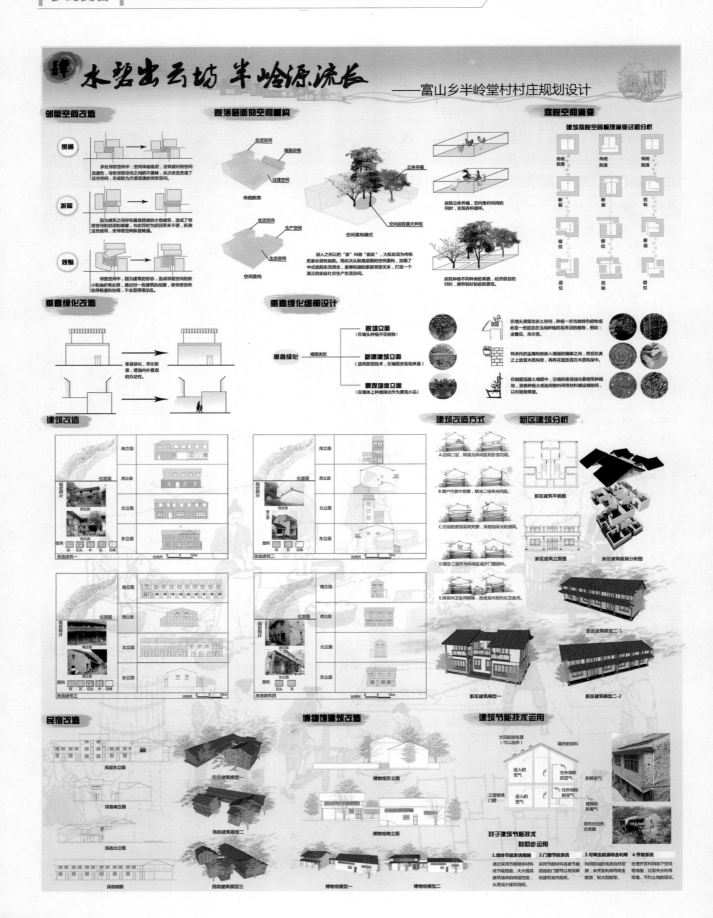

肆 水碧出云坊 半岭源流长
——富山乡半岭堂村村庄规划设计

水碧出云坊 半岭源流长
——富山乡半岭堂村村庄规划设计

鸟瞰图

流线景致分析

1. 闲情逸趣
位于东北部的生态农田，展现农家辛勤的劳动成果，下田体验农耕，感受淳朴民俗。

2. 茗滋古坊
旧时的村落空地重新开发，成为古村的休闲景点，在这里感受古村的朴素年华。

3. 赏心悦目
院落式的公共空间让创作者之间休憩交流，各种手工艺品在这里碰撞出火花。

4. 水色山光
滨河对岸山脉延绵，身后是过去，眼前是未来，闭上眼，感受心旷神怡的自然之美。

5. 欢聚一堂
步入充满艺术气息的古巷，观赏民间工艺品，体会漂流的激情、生活的闲逸。

6. 追思觅步
走过历史气息浓厚的古建筑群，那处深山仿佛述说着那段无法忘怀的历史。

7. 重温旧梦
中国传统手工艺技术的魅力从这里散发和传承，游客可以亲身体会造纸的乐趣。

公共服务设施

小卖部： 在村庄入口处布置相应的小卖部，出售基本商品以及当地特产手工艺品等商品。

绿色环保： 垃圾回收站在整个村庄分布两处，沿路都有等距布置的特色垃圾桶。

综合服务设施： 在村委会附近设置村民运动场地，在村委会中有医疗卫生、老年活动中心等公共设施内容。村委会还设有一定数量的停车位。

公厕： 在主要活动区布置公厕，为游客提供方便。

园林小品

创意座凳：

路灯： 在村庄路边根据景色布置具有特色的照明灯。

亲水平台： 结合村庄原有水系布置木栈道以及亲水平台，增加景观欣赏性。

遮阳棚： 在石滩烧烤区布置相应桌椅、遮阳棚等供游客娱乐休息。

廊架： 在村庄内布置，作为景观节点，在廊架上种植紫藤萝等装饰植物。

植物配置

常绿乔木

落叶乔木

灌木

铺装材质

大理石　水泥　石头　红砖　花岗岩

陆 水碧出云坊 半岭源流长

——富山乡半岭堂村村庄规划设计

重点节点设计

民宿

春：绿杨烟外晓寒轻，红杏枝头春意闹。东春来，万物复苏，整个村庄的颜色都变了，所到之处均是春意盎然，游客均会为此驻足。

夏：水晶帘动微风起，满架蔷薇一院香。绿树慈郁浓阴，夏日漫长，楼台的倒影映入了池塘。水晶帘在抖动微风拂起，满架的蔷薇惹得一院芳香。

秋：秋阴不散霜飞晚，留得枯荷听雨声。秋空上阴雨连日不散，霜飞的时节也来迟了，留得满池塘的荷叶，听着深夜萧瑟的雨声。

冬：不知近水花先发，疑是经冬雪未销。一支梅花凌寒早开，枝条洁白如玉条。路过的人都会停留，惊艳它的孤傲和美艳。

造纸博物馆

冬：天将暮，雪乱舞，半岭花半飘柳絮。雪似柳絮，飘舞在空中。远处望去白茫茫的一片，水、山、村落仿佛都融为一体。

秋：漠漠秋云起，稍稍叶寒生。秋天阴雨密布，夜晚都可感受到丝丝寒意，早上起来，露水打湿了坐凳。

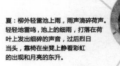

夏：柳外轻雷池上雨，雨声滴碎荷声。轻轻地雷鸣，池上的细雨，打落在荷叶上发出细碎的声音，过后烈日当头，靠椅在坐凳上静看彩虹的出现和月亮的东升。

春：池上碧苔两三点，叶底黄鹂一两声。博物馆周围的绿化大部分为落叶植物，一到春天，博物馆周围的植物也活了过来，此刻的博物馆也仿佛是苏醒了过来。

新区民居

冬：数萼出寒雪，孤标画本难。梅花初放，花萼包含着寒富，整个庭院中充满了梅花的香气。

秋：庭边落尽梧桐，水边开彻芙蓉。庭院中的花花草草失去了春日的姿色，梧桐叶掉落了一地，也失去了风姿。

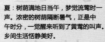

夏：树荫满地日当午，梦觉流莺时一声。浓密的树荫隔断暑气，正是中午时分，一觉醒来听到了黄莺的叫声。乡间生活恬静美好。

春：胜日寻芳泗水滨，无边光景一时新。风和日丽之时，沿着河流行走，无边无际的风光焕然一新，谁都可以看到春天的风光，百花齐放，到处都是春天的景象。

浙江科技学院
漫溪养逸——宁溪镇大溪坑村乡村规划与设计

教师感言：

　　2017夏初，浙江黄岩迎来了第三届高校的乡村规划与创意设计教学竞赛。冒着滂沱大雨和酷热骄阳，我们怀着极大的兴趣分别于6月底、7月底走访了两个村落，感受到乡村山水和传统文化的特色以及不同的景观。面对优良的自然生态环境、顺应地形的村落布局、丰富的建筑空间组合及建筑风貌，我们有了信心和热情去思考设计。同时，看到稀少的老龄村民，乡村没有活力，越发觉得乡村规划的责任重大了。同学们经过资料的收集和整理，提出了很多规划设想，多次讨论后达成共识，最终形成了设计方案。在整个过程中，大家团队合作愉快，较好地完成了各自的任务，不同年级的同学互助互学，建立了深厚的友谊。

团队感言：

　　本次竞赛就我国目前的发展情况，以热门话题乡村规划为主题，通过到黄岩基地的一系列调研走访，通过切实地感受当地的山水人情、传统文化、地域风貌，研究思考，不断地完备对大溪坑村落基本现状的了解，最终确定了"乡之野趣、禅之养生、静之养老"为这次规划的主题，在整个设计实践的过程中小组任务分工明确，组员之间相互协调，通力合作，奉献了热情和行动力，对于参赛，我想这不只是一个锻炼的过程、我们的锻炼、思考和行动对于现如今国家的村镇规划也是一份力量。

　　感谢浙江工业大学的平台，为我们提供了乡村规划的实践机会，有幸作为国家建设的生力军，实属荣幸。

漫溪养逸
大镇漫漫水田养，古村悠悠禅星翼

宁溪镇大溪坑村乡村规划与设计
RURAL PLANNING AND DESIGN

■ 村庄区位与概况

大溪坑村，座落于浙江黄金海岸线中部的台州市黄岩区，位于黄岩区西部，属于宁溪镇上郑乡。大溪坑村位于黄岩大寺基东北方向，周边村落众多，自然资源丰富，距著名胜景区黄岩大瀑布约1小时车程。年平均气温19℃，年无霜期250天左右，年均降水量1676毫米。村民收入靠省公益林补助以及村内发电站补助金，村内产业单一滞处。

■ 规划背景

1. 中国老龄化程度逐渐加深，子女由于工作、学习、结婚等原因而离家，空巢老人越来越多。
2. 空巢老人，物质层面，老人年老体弱、无人赡养、就医困难；精神层面，老人孤独寂寞，对儿女的思念让老人缺乏精神慰藉。
3. 房屋老化。许多房屋由于年代久远，结构被风雨侵蚀，老人居住不便，并存在安全隐患。

2000年　　2010年

城镇空巢老人占比　42%　　城镇空巢老人占比 54%

农村空巢老人占比 37%　　农村空巢老人占比 45%

与中国大部分村庄一样，大溪坑村年轻人长期外出谋生或者做工，村内产业单一滞处，村民主要收入靠省公益林补助以及村内发电站补助金，老人久居村里，与子女分离。

■ 历史背景

大溪，名青蒲河、青菩河。在今江苏省金坛市西。《方舆纪要》卷25常州府金坛县：大溪在"县西二里。东南流入于长荡湖。王氏樵云：县西有青蒲河，通昆仑河入长阳湖，即故大溪矣"。

《方舆纪要》卷92天台县：大溪"在县城西南。《志》云：始丰溪源出大盆山，引而东，天台、桐柏二水入焉，故曰大溪。流经县南，又东南流入临海县界，合仙居县之永安溪，即澄江上源也"。

老龄化进程

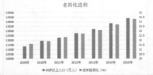

■ 65岁以上人口（万人）　老年抚养比（%）

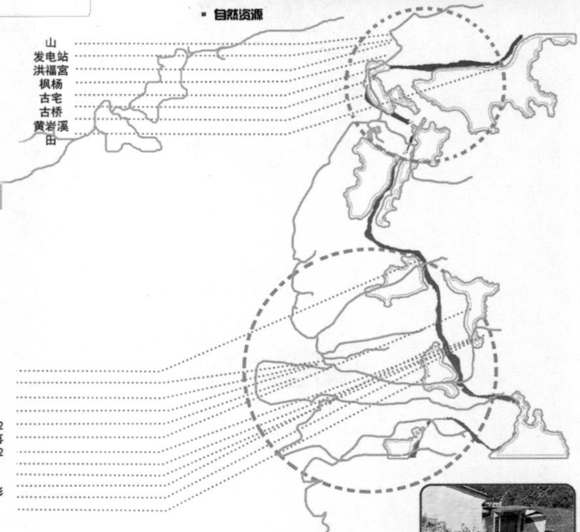

大溪坑之美

■ 生态之美

■ 生态要素

大溪坑村四周群山，山林资源丰富，域内贯穿着一条水系黄岩溪，呈"S"形纵向穿越大溪坑村，村庄沿着这条黄岩溪纵向发展。农田资源主要分布于大溪坑村周边，农田资源为大溪坑发展猕猴桃创收产业提供了良好基础。

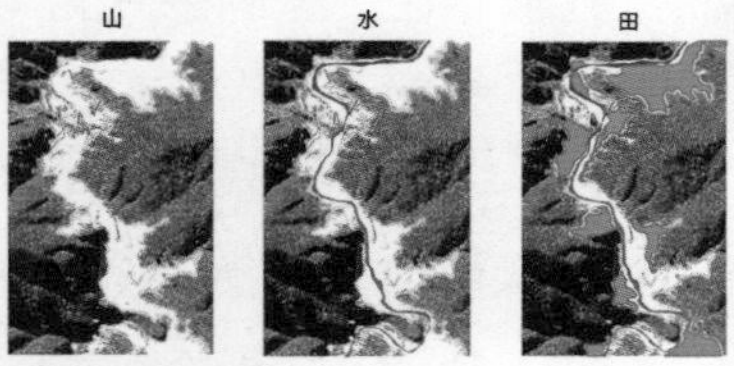

村落周边山水关系

山　　水　　田

大溪坑村东西侧有大片农田，四周群山围绕，形成良好的空间与景观的过渡。大溪坑周边村落聚集，南侧为黄岩最大的林场——大寺基山，东北方是浙南罕见的天然瀑布群——黄岩大瀑布。

■ 文化之魅

■ 道教

大溪坑村对于村民的教化不仅传授教育，更有遗留下的财富。走进大溪坑村，北面有一座《洪福宫》。

道教与当地的渊源颇深，清光绪二十二年，曾有"应万德反教"一事，提出"除灭洋教"的口号，护国护民。

道教始于周代刘奉林修道委羽山，汉代司马季主�有赤鲤岩钓鱼台。南朝始建大有宫，宗徽宗赐宫铺村垒。元代赵与庆从传入全真龙门派。民国时，大有道人分布台州、温州264的宫观。

■ 住宅

大溪坑村保存着黄岩古时候的传统建筑风格，《中国古代建筑史》中介绍：黄土岭山区住宅，利用地形灵活运用高低基部台状地基，在其上建屋。旧时砖木结构平房构双观楼模样，多备斗楼式。"口"字形谓金造，"日"字形谓两遗，"昌"字形谓三造。《浙江居民》记载"城关天长街住宅，面街背河，临街设店面，内部兼作起居室，后部临水作厨房"。

■ 民风

大溪坑村民风淳朴，这淳朴亲切的乡风自古代流传至今。宋代"录孝易无事，望无贵省，百姓灭渔猎，不识官府"。明初"建立造园"，黄岩人"委身殉国，视死如归"，清代"富厚之家布衣蔬食不富鲜美，农工商贾各勤其业。"

■ 建筑分析

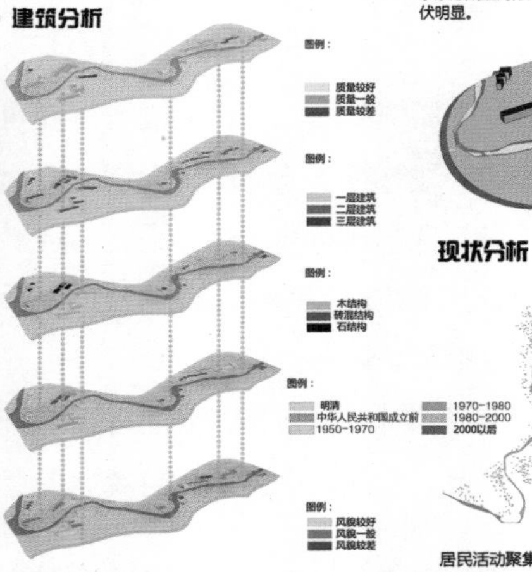

（图例：质量较好、质量一般、质量较差）

（图例：一层建筑、二层建筑、三层建筑）

（图例：木结构、砖混结构、石结构）

（图例：明清、中华人民共和国成立前、1950-1970、1970-1980、1980-2000、2000以后）

（图例：风貌较好、风貌一般、风貌较差）

古村之韵

■ 自然资源

山
发电站
洪福宫
枫杨
古桥
古树
黄岩溪
田

古桥
山
古宅
田
枫杨x2
毛枝寡
枫杨x2
古桥
古宅
红豆杉
古宅
山

村口的空间布局结合了当地的山体、水系，融入了具有乡村风味的水车、民居，将生态空间格局与人文空间相结合，再配以蜿蜒的绕屋小道，极具空间立体感和神秘感。此片区的民居以露外电影院为中心，向南北方舒展，邻里间以阶梯、绿道相连，房屋因山就势，呈现高低错落。

村委会是该村的中心，整个村通过贯穿南北的绿道将两个住宅区联系到一起，东西两岸通过桥梁将户外攀岩区与公共、活动服务和生活区结合在一起，攀岩区与村委会前的小广场、水系形成竖向分层，且起伏明显。

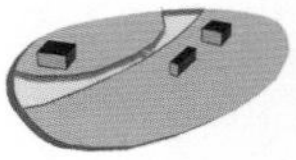

此片区为住宅密集的区域，西侧建筑主要横向排列，展现邻里的密切联系与道路结构；较西侧而言，东侧的山地空间展现的是建筑的纵向排列，建筑在空间上就势山势而建，因地制宜。

现状分析

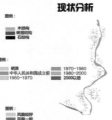   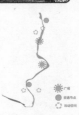

居民活动聚集点　　居民步行路线　　建筑分布　　主要节点分布

（图例：广场、交通节点、活动空间）

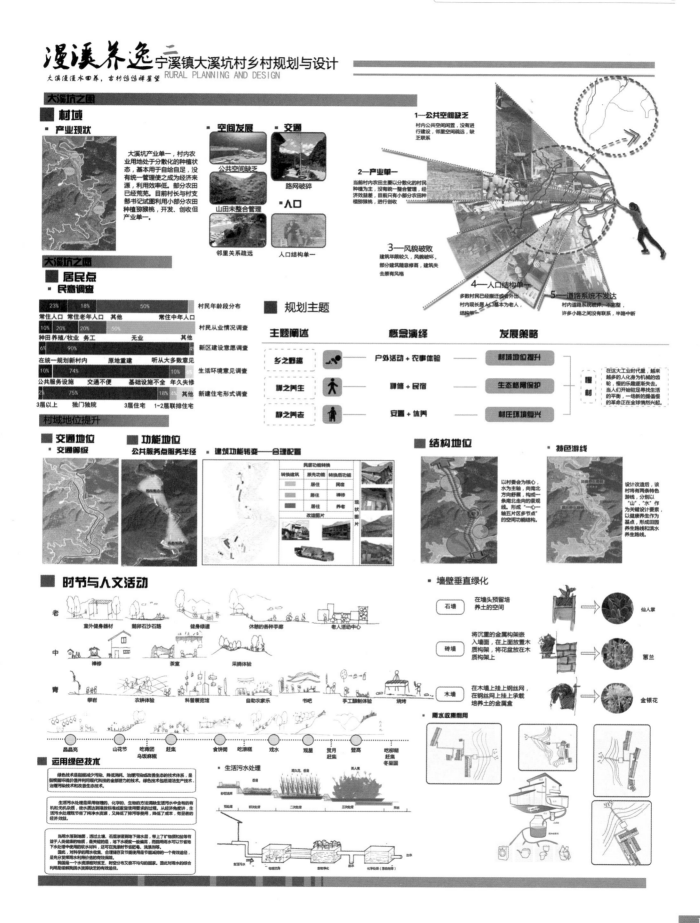

漫溪养逸 宁溪镇大溪坑村乡村规划与设计
RURAL PLANNING AND DESIGN

大镇漫漫水田养，古村修修祥星望

村庄环境复兴

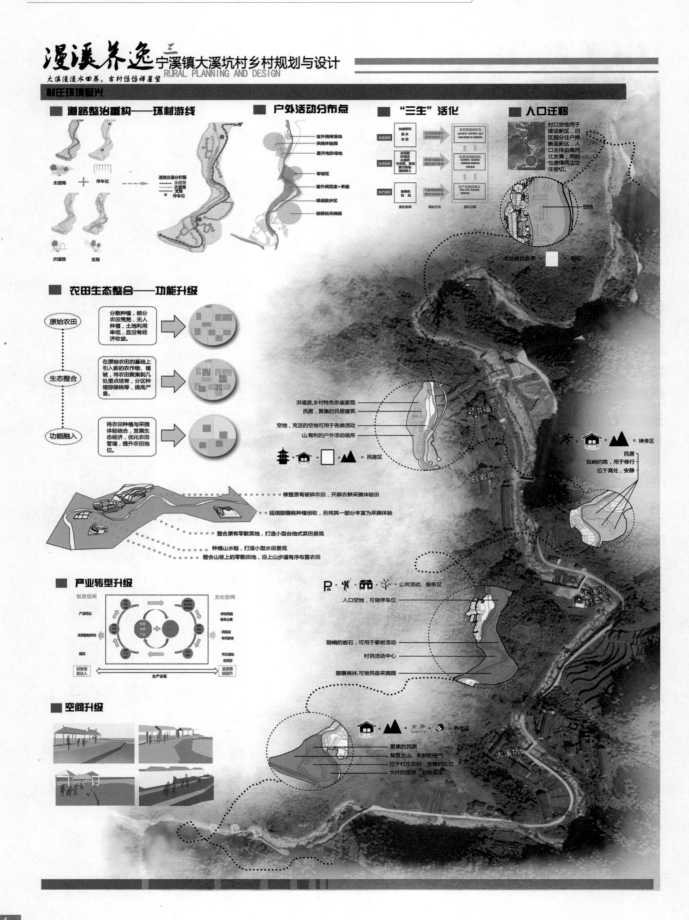

■ 道路整治重构——环村游线

走道路 + 停车位

次道路

支路

道路交通分析图
主道路
次道路
支道路
停车位

■ 农田生态整合——功能升级

原始农田 — 分散种植，部分农田荒芜，无人种植，土地利用率低，且没有经济收益。

生态整合 — 在原始农田的基础上引入新的农作物、植被，将农田聚集到几处重点培育，分区种植猕猴桃等，提高产量。

功能融入 — 将农田种植与采摘体验结合，发展生态经济，优化农田管理，提升农田地位。

修整原有破碎农田，开辟农耕采摘体验田
延续猕猴桃种植创收，另将其一部分丰富为采摘体验
整合原有零散菜地，打造小型台地式菜田景观
种植山水稻，打造小型水田景观
整合山坡上的零散田地，沿上山步道有序布置农田

■ 产业转型升级

创意空间
文化空间
产业产出
采摘经济转入
现代民宿
活动中心
节日活动
古民居
创意客流入
旅游意向提升
全产业链

■ 空间升级

■ 户外活动分布点

室外烧烤场地
采摘体验园
露天电影场地
攀岩区
室外阅览室+茶座
绿道散步区
猕猴桃采摘园

■ "三生"活化

生产空间
生活空间
生态空间
活化方式
活化空间

■ 人口迁移

村口空地用于建设新区，旧区部分住户将搬至新区，人口主体由南向北发展，同时也使得两边交往密切。

本地居民意愿
旧区

洪福宫，乡村特色宗庙景观
民居，聚集的民居建筑
空地，充足的空地可用于各类活动
山，有利的户外活动场所
= 民宿区

民居
陡峭的路，用于修行
位于高处，安静
= 禅修区

= 公共活动、服务区
入口空地，可做停车位
陡峭的岩石，可用于攀岩活动
村民活动中心
猕猴桃林，可做民宿采摘园

聚集的民居
背靠大山、新鲜的空气
位于村庄后段、安静的区位
大片的菜地，自给自足
= 养老区
安静 Silence

洪福宫

白岩岗

大溪坑

漫溪养逸

大溪漫漫水田养，古村悠悠禅星望

宁溪镇大溪坑村乡村规划与设计
RURAL PLANNING AND DESIGN

■ 方案简介

群山环绕，水绕村郭，让人们从朝起暮归的忙碌生活回归慢生活。本方案改造的大溪坑村以"乡之野趣、禅之养生、静之养老"为主题，为老中青三个年龄段都营造出了适宜的慢生活。以滨江绿道为主线，进行对各空间场所的组织连接，成为完整的空间序列。慢中有静，慢中有趣。基于现状，赋予新功能、新活力。唤醒记忆的同时，给人们带来新的体验。

■ 细部说明

增设公共服务设施，解决了村庄配套设施缺乏、城乡距离远、无法共享城镇配套设施的问题。

村委会	医疗站点
功能地位提升	
大溪坑小卖部	公厕

增设室内室外休闲场所，亲近了自然，又让人远离城市喧嚣的生活增添了趣味，解决村庄产业单一问题。

书吧雅室
室内茶座
室外品茗

增设三十米左右高度的户外攀岩场所，吸引更多的中青年，改变村落人口单一的问题。

增设不同类型的户外休憩场所，与自然环境融合。

增设公交站点、回车场解决村内交通问题。

■ 民居改造更新方式

A. 启用二层，转换为休闲区和卧室功能
B. 窗户代替木格窗，解决二层采光问题
C. 住宅的屋顶采用天窗，来增加采光和通风
D. 部分二层作为休息区减少门窗构件
E. 将院内卫生间移除，改成室内现代化卫生间

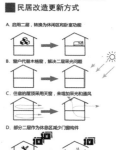

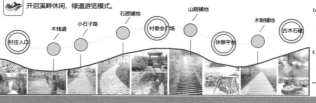

投影房　铺地植被
台阶　　树木
石堆
石砌墙
拱门

村民交流聚集的广场，依势改造，设置台地式露天影院。

开启溪畔休闲、绿道游览模式。

村庄入口　木栈道　小石子路　石质铺地　村委会广场　山路铺地　休憩平台　木制铺地　古木石碑

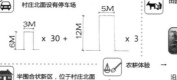

村庄入口
简洁喀方田园风格

村口水车打造活力流动景象

采用原有石质元素提高村口标识度

村庄北面设有停车场
3M　6M　12M　5M
x 30 +　x 3

半围合状新区，位于村庄北面
老区　新区

田园农耕 风力发电科普展览馆

农耕体验
利用原有散田，通过组织开辟出蔬菜种植体验田。

特色采摘
沿用部分原有瓜果种植地，发展猕猴桃、葡萄、瓜、茶叶等采摘项目。

农产品加工体验
因地制宜，对新鲜有机农产品直接进行磨制、酿制、酵制等处理。

户外自助烧烤摊
设在北边村口沿溪滩涂处。

自助农家乐
为外来人员和本地居民提供自助的农家乐场地，图为制作稻草人。

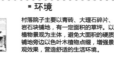

■ 建筑控制要素

■ 建筑色彩
屋顶是灰色材质，以灰色系为主。
墙面以青砖与木材质，以发旧的灰白色和土棕色为主。
勒脚是条石和面砖砌成，是灰白色和淡黄色的。
门窗是木质构成，颜色主要为棕褐色，玻璃以透明色为主。

■ 栏杆
以灰白色木质柱状（栅格）栏杆，和灰黄色金属铝合金栏杆为主，达到立面美观统一的效果

■ 环境
村落院子主要以青砖、大理石碎片、岩石块铺地，有一定面积的草坪。以植物景观为主体，避免大面积的硬质铺地旁边以绿叶木植物点缀，增强景观效果，营造舒适的生活环境。

■ 屋顶
形式：主要采用双坡屋顶，利于排水、隔热、通风。
材质：陶片瓦。
色彩：以灰色为主色，蓝灰色为辅助色。

■ 墙面
墙面主要是木质墙面与清水墙墙面。处理方式以刷白为主，另根据周围环境清理、修补外部原色砖，适当调整颜色，以达到与整体色彩协调统一的效果。

■ 门窗
现状门窗主要是老式建筑的木质门窗以及2000年后的砖混建筑上的铝合金、塑料门窗，改造后主要为仿木漆门与无色透明玻璃。

建筑平立剖　　建筑改造方案

①
②
③ ①院落式公寓 ②饭店 ③老年公寓

漫溪养逸

五

建筑改造方案

改造措施
1. 窗户单扇放大
2. 立面装饰
3. 阳台挑出，增加受光面

改造措施
1. 窗户换面
2. 挑檐修整
3. 立面修整

改造措施
1. 立面修整
2. 二层结构调整

改造措施
1. 窗户换面
2. 楼梯换新
3. 立面修整

改造措施
1. 原及结构改造
2. 立面结构改造

改造措施
1. 窗户换面
2. 挑檐去除
3. 立面修整

绿道鸟瞰

鸟瞰图与效果图

台地广场 露天电影院

新区鸟瞰

村南部老年公寓(效果图)

禅宗民宿

南面平桥处

总平面及局部详图

漫溪养逸

六

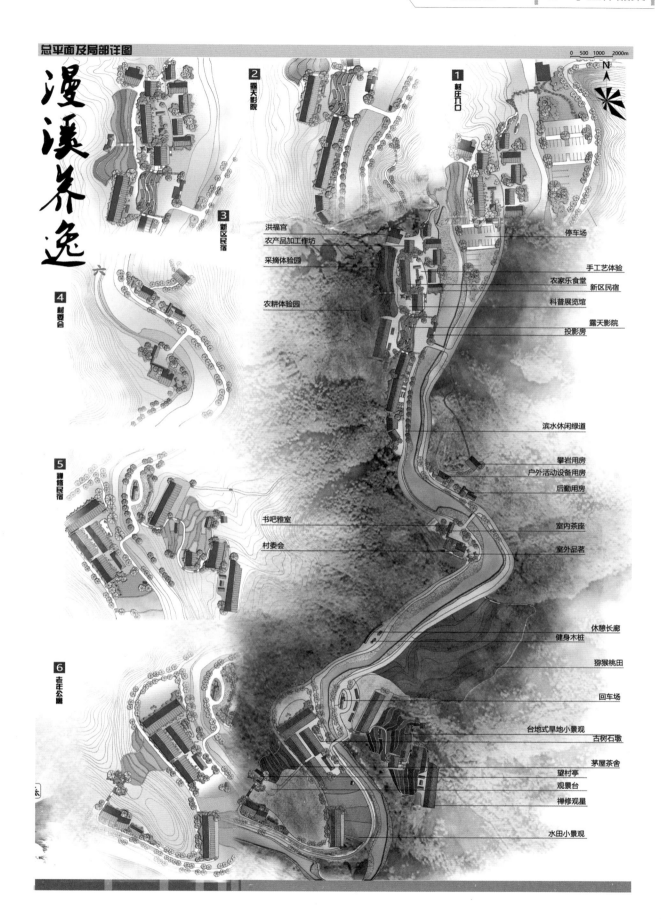

0 500 1000 2000m

N

2 露天影院

3 新区民宿

4 村委会

5 湖情民宿

6 吉庄公寓

1 村庄入口

洪福宫
农产品加工作坊
采摘体验园

农耕体验园

书吧雅室
村委会

停车场

手工艺体验
农家乐食堂
新区民宿
科普展览馆
露天影院
投影房

滨水休闲绿道

攀岩用房
户外活动设备用房
后勤用房

室内茶座
室外品茗

休憩长廊
健身木桩
猕猴桃田

回车场

台地式旱地小景观
古树石墩
茅屋茶舍
望村亭
观景台
禅修观星

水田小景观

浙江理工大学

十里苌楚　禅养源流——基于触媒理论引导下的宁溪镇蒋家岸村规划设计

教师感言：

扎根黄岩，心系宁溪。

九月的杭州金桂飘香，九月对团队来说也是个收获的季节，长达5个月的努力终于在此刻孕育出丰硕的果实。

5个月前，当我们第一次接到竞赛的通知并得知我们将要面临的是蒋家岸村的规划的时候，探索之路便开始了……

同学们的脑洞大开和创新的表现方式让我们感到很欣慰，经过不断地修改和完善，同学交出的答卷，虽然不是特别完美，但也算不违初心。

最后，感谢同学们长达数月的坚持和努力，竞赛结束了，但是通过这么长时间的锻炼和积累，对于景观规划设计的探索何尝不是一个新的开始？

团队感言：

随着对村庄了解的增加，我们的设计也从一开始的流于表面到逐渐深入，最终我们从村民的切身利益出发，在坚持生态优先的基础上，充分发掘本村历史文化和地域特色，将现代养生和科技作为新生触媒点引入，形成一轴（养生休闲发展轴）一带（苌楚生态景观带）的村庄发展格局，激发村庄的活力和复兴。

调研和设计的过程，也是团队成员相互协商和磨合的过程。从一开始各执己见，到后期灵感碰撞和融合，我们的团队合作能力在这个过程中得到了提高。而指导老师给我们的意见也使我们获益匪浅。最后，感谢主办方给我们的这次机会。

1 十里茋楚 禅养源流—— 基于触媒理论引导下的宁溪镇蒋家岸村规划设计

基地分析

区位分析

浙江—黄岩　　黄岩—宁溪　　宁溪—蒋家岸村

蒋家岸村位于黄岩宁溪镇西北部，村内农业用地平坦，资源开发条件较好；村域内与村周边山体、森林资源丰富。属于黄岩总体发展格局中的西部生态发展区，应重点以生态农业和生态旅游业为方向，强化生态保育功能，探索山区绿色发展新模式，打造全园绿色生态屏障。在进行特色乡村旅游产品规划的同时，注重自然生态环境的保护和乡村风貌的维护。

上位规划解读

东部提升发展区
中心城区
中部优化发展区
蒋家岸村
西部生态发展区

黄岩区"一心三区"发展格局　　宁溪镇古村旅游体系

交通可达性分析

人群比例　人群需求　　　　具体内容

更生态　　生态循环　有机农业　生态农业　创意农业

经济发展

更适居　　文创　建筑改造　互联网　民宿

交流沟通

乡村美景　　自然原生态　乡村景观　参与农忙　智能民宿

乡村体验感

舒适放松　　有机蔬果　农业科普　乡间文化　农家美食

学到知识

产业结构——茋楚之乡

茋楚，即猕猴桃。出自《诗·桧风·隰有茋楚》，"隰有茋楚，猗傩其枝，夭之沃沃，乐子之无知。"表达了古人对婀娜婉转的猕猴桃藤的喜爱，以及他们对草木自由自在生活的向往之情。
浙江省黄岩县人工栽培猕猴桃已有300多年的历史。明万历年间出版的《黄岩县志》把称猴桃列为当地的特产，且黄岩现存一株世界上最早由人工栽培的猕猴桃树。
宁溪镇蒋家岸猕猴桃基地是黄岩最大的红心猕猴桃基地，足有300亩。蒋家岸村的红心猕猴桃基地具有广阔的市场前景和良好的产业前途，成了扶贫委持的一个项目，政府将加大对该基地的支持力度，扩大种植规模，进行品牌建设，从而产生生辐射效应。

《诗经》中茋楚插图

历史古迹——演教遗址

清光绪《黄岩县志》载：演教寺在县西60里双鱼峰，三国时期东吴赤乌二年(239)建。南宋陈耆卿的《嘉定赤城志》中载有演教寺产田177亩，地42亩，山48亩，是台州建寺最早的九所寺院之一，也是黄岩三大古寺之一。
宋朝咸淳元年进士、天天祥拿友的宁溪名人王所曾作过《游演教寺二首》。其中一首写道："欲寻方丈旧管栖，野竹黄茅径已迷。唯有双鱼原作伴，还随风雨过前溪。"另一首写道："香香洗僧去不还，凄凄古佛对青山。钟声暗作松声走，满盘苍苔阁一间。"在当地村民口中还留下寺院被大水冲毁的神话传说。这些传说颇具神话色彩，但也有实物凭证。

SWOT分析

优势 STRENGTH	劣势 WEAKNESS	机会 OPPORTUNITY	威胁 THREATS
区位优势明显（演太线起始点）	村内道路狭窄，交通不便	美丽乡村建设的号召	发展带来的乡村风貌
自然乡村风貌保存良好	基础设施建设滞后	"演太线"金廊工程规划	商业化压力
自然山势环抱 气候宜人	乡土文化缺失	提供机遇	村民意愿
猕猴桃产业特色鲜明	公共活动空间不足	"互联网+"时代加速产业	周边旅游产品的同质化竞争
乡村建设初见成效	建筑景观杂乱	融合、转型和创新	
保护重塑传统木石建筑	建筑整理，重构乡村公共活动空间	乡村服务提升	重塑古寺庙遗址，旅游产品特色化
自然式园林与乡村景观融合	乡土文化挖掘和传统节庆活动再现	城市科技引入提高村民生活便捷度	
猕猴桃创意产业基地建造		联结乌岩古村、乡间古村与宁溪宋韵	策略 STRATEGY

演教寺发展历史

三国时期东吴 赤乌二年(239)	建立	
宋时期	台州建寺最早的九所寺院和黄岩三大古寺之一	
宋—清代	历代文人们吟诵的对象	
清代	尚有大雄宝殿、香积厨、山门等遗址	
民国	已废妃	
民国—1975期间	发掘演教寺古井以及山口处发有衣亭等遗址	
宁福电站建造时 (约1975年)	掘出演教寺石碑	
1975至今	发现两只被洪水冲走的碨盘	

景观功能结构分析

养生休闲发展轴
茋楚生态景观带

水系

公共空间

农田

建筑

道路

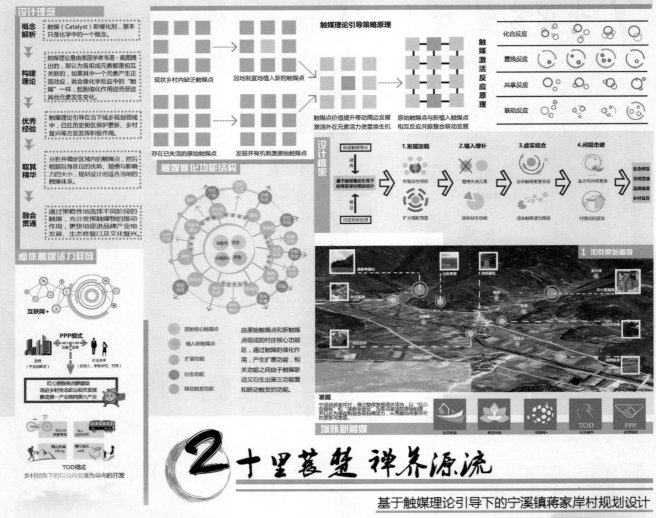

设计理念

概念解析	触媒（Catalyst）即催化剂，原本只是化学中的一个概念。
构建理论	触媒理论是由美国学者韦恩·奥图提出的，即认为各组成元素都是相互关联的，如果其中一个元素产生正面效应，就会像化学反应中的"触媒"一样，起到催化作用进而促进其他元素发生变化。
优秀经验	触媒理论引导在当下域乡规划领域中，已在历史街区保护更新、乡村复兴等方面发挥积极作用。
取其精华	分析并确定区域内的触媒点，然后根据自身区位的优势、规模与影响力的大小，规划设计出适合当地的触媒体系。
融会贯通	通过策略性地选择不同阶段的触媒，充分发挥触媒物的推动作用，更快地促进品牌产业地发展、生态修复以及文化复兴。

触媒理论引导策略原理

现状乡村内缺乏触媒点 → 因地制宜地植入新的触媒点

存在已失活的原始触媒点 → 发掘并有机刺激原始触媒点

触媒点价值提升带动周边发展激活外在元素活力使重焕生机 → 原始触媒点与新植入触媒点相互反应共振整合联动发展

触媒激活反应原理

化合反应
置换反应
共享反应
联动反应

设计框架

研读触媒理论 → 基于触媒理论引导下的蒋家岸村规划设计 ← 村庄现状优势

1.发掘加载 可整清性筛选 扩大辐射范围
2.植入增补 替换失效元素 增补缺失功能
3.虚实结合 实体触媒激发带动 虚实触媒活力释放
4.问题击破 生态可持续发展 村落空间营造

生态修复 空间营造 品牌建设 乡村复苏

触媒催化功能结构

由原始触媒点和新触媒点组成的村庄核心功能区，通过触媒的催化作用，产生扩展功能，相关功能之间由于触媒联动又衍生出第三功能圈和联动触发的功能。

● 原始核心触媒点
● 植入新触媒点
● 扩展功能
● 衍生功能
● 联动触发功能

虚体触媒活力释放

互联网+

PPP模式 公私合作
政府（宁溪镇政府）→ 社会资本（投资人、承包单位、村民）

红心猕猴桃系统品牌建设
促进乡村生态农业经济发展
推动第一产业转向第三产业

Bicycle 共享单车
Bus 公交大巴
登山步道 Hiking
慢行电柜 walking

TOD模式
乡村揽角为的以公共交通为导向的开发

1 加载原始触媒

发掘
宁溪镇蒋家村...通过整理发掘现状场地，以"红心公路猕猴桃种植与禅教寺禅道"为重点...并以此为基础增补各类触媒功能，从而推动蒋家岸村...的更新与发展。

增补新触媒

生态修复 养生体验 互联网+ TOD 公交站点 PPP 经济模式

2 十里莼楚 禅养源流

基于触媒理论引导下的宁溪镇蒋家岸村规划设计

十里莼楚效果图

骑行规划

景观轴线图

功能分区图

活动分析图

NO.1 蒋家岸村——建筑
Question: 对于您家现住的房子满意吗？是否愿意接受装修和改造？
现居状态: 部分居民房屋老旧，设施不齐全，不透光且雨天潮湿，室内空间狭小。

NO.2 蒋家岸村——文化
Question: 平时有什么固定的休闲娱乐活动以及大型集会节日？
现居状态: 二月二滚龙、作铜锣、元宵灯会。

NO.3 蒋家岸村——产业
Question: 主要收入来源是？
现居状态: 猕猴桃园、节日彩灯制作、农耕、花木。

NO.4 蒋家岸村——人口
Question: 您的家庭人口状况？
现居状态: 大部分都只剩下一些老年人在家里带带孩子。

活动游线规划

3 十里荏楚 禅养源流
基于触媒理论引导下的宁溪镇蒋家岸村规划设计

十里荏楚竖向规划

水渠 Water channel　　猕猴桃棚架 Kiwi trellis　　滨太线登山步道 Hiking trail

树林 Woods　　路面透水砖铺装 Permeable paving　　农田 Cultivated land

图例

一药用植物观光区
1 停车场
2 入口接待建筑
3 四季药草园
4 农家水田
5 观景平台
6 稻田书房

二文化活动区
7 文化礼堂
8 禁足庙
9 庙前广场
10 古樟
11 服务中心
12 古井广场

三老屋风情区
13 老村集市
14 农事体验
15 露天电影
16 禅茶体验
17 狗像亭
18 村民活动中心
19 综合服务建筑
20 蒋岸新村

四荏楚主题园区
21 荏楚民宿
22 荏楚观景园
23 荏楚韵码
24 猕猴桃酒庄
25 平摘园入口
26 采摘园次入口
27 猕猴机采摘园区
28 园区休憩建筑
29 滨太线入口
30 滨水栈桥

五梯田观光区
31 梯田景观
32 梯田民宿

六禅意养生区
33 禅意养生会所
34 禅意养生园入口
35 演教台展示
36 遗址台基解说
37 水疗中心
38 观鱼溪
39 双鱼捉址

宁溪镇蒋家岸村总体规划平面图

0 20 40 80M

现状土地分析

6.25%黄壤
亚热带湿润气候条件下形成的富含水合氧化铁的黄色土壤，氮、钾含量均属中等水平。已耕种的黄壤为防治土壤侵蚀，宜进行以山、水、田综合治理为中心的农田基本建设，多施有机肥料和种植绿肥，并提量施用石灰和磷肥。

18.75%潮土
河流沉积物受地下水运动和耕作活动影响彻而形成的土壤，地势平坦、土层深厚，改良种植结构，提高复种指数，适当配置粮食与经济作物，林业牧业，提高潮土地产量和效益。

在长期深水种植条件下，受到人为活动和自然成土因素的双重作用，而产生水耕熟化和氧化与还原交替，以及物质的淋溶、淀积，形成特有别临特制的土壤。宜水旱轮作、合理灌排，"深水护苗，浅水发棵"。

植物策略运用——四季养生园

四季植物色彩规划

春 Spring / 夏 Summer
秋 Autumn / 冬 Winter

小流域山洪防治

溪流的淤积引导致行洪、防洪能力降低。

溪流护岸大多以天然土堤、干砌块石为主。

溪流的可通过行性较差，河堤受到不同程度破坏。

溪流边杂草茂盛，缺乏美感。

坡度分析 / 高程分析 / 汇水分析

5年一遇 / 10年一遇 / 50年一遇 / 100年一遇

通过现状坡度与坡向分析，结合图解，可分析得出，蒋家岸村存在一定的山洪问题。通过山洪电淹没积分析，我们针对蒋家岸村小流域山洪防治进行了方案论证。

生态河道改造断面一 / 生态河道改造断面二

十里菱楚 禅养源流
基于触媒理论引导下的宁溪镇蒋家岸村规划设计

生态农业营造

产业转换
（第一产业→第三产业）

原料库 → 酿酒间 → 灌装间 → 小酒库 → 电商销售

红心猕猴桃酒 / 猕猴桃花节 / 猕猴桃中药 / 猕猴桃面膜 / 猕猴桃吧 / 猕猴桃养生粥 / 猕猴桃蜜 / 猕猴桃果汁

蒋家岸村村民自家均有猕猴桃酿酒的传统，其营养成分和功效都远高于现在的葡萄酒，具有护心怡心、调节情绪的作用。建造小型猕猴桃酒庄，开办农业旅游乐吧等，在为村民带来产业收益的同时，增加旅游收入，并带动更多关于猕猴桃副产品的开发。

四季养生植物规划

春养肝 SPRING	夏养心 SUMMER	秋养肺 AUTUMN	冬养肾 WINTER
补养肝血 疏调气机	益气养心 生津止渴	润肺止咳 舒达阳气	补养胃精 祛寒就温

生地 Rehmannia glutinosa Libosch
性寒，味苦。凉血补血，壮热神昏，兼有抗真菌作用。

金银花 Lonicera japonica
性甘寒，既能宣散风热，还善清解血毒。

百合 Lilium brownii var. viridulum
养阴润肺、清心安神，主治阴虚久嗽，痰中带血、余热未清。

覆盆子 Rubus chingii Hu
甘平入肾，具有明目、益肾固精缩尿之功效。

泽泻 Alisma plantago-aquatica Linn.
降低血胆固醇，减轻动脉硬化病变，具有抗脂肪肝作用。

薄荷 Mentha haplocalyx Briq.
幼嫩茎叶可作菜食，全草又可入药，治感冒发热咽痛。

陈皮 Citrus reticulata Blanco
理气止咳、燥湿化痰。用于脘腹胀满、食少吐泻、咳嗽痰多。

紫苏叶 Folium Perillae
主治外感风寒、恶寒发热、头痛无汗，利于鼻塞清涕者。

益母草 Leonurus artemisia
味辛苦，性凉。活血祛瘀，调经消水，宜治妇女疾病。

麦冬 Ophiopogon japonicus
微苦、微寒。化痰止呕、泻热生津、清心养阴。

黄精 Polygonatum sibiricum
润肺生津、抗疲劳、抗氧化，并有延缓衰老的作用。

枳椇 Hovenia acerba Lindl.
用于解酒毒，烦渴呕逆、二便不利，风湿麻木。

桔梗 Platycodon grandiflorus
利喉、祛痰、排脓的功效。用于咳嗽痰多、胸闷不畅。

射干 Belamcanda chinensis
根状茎药用，味苦、性寒。清热解毒、消炎利咽。

艾草 Artemisia argyi
全草入药，有温经去湿、散寒平喘和抗过敏等作用。

山药 Dioscoreae rhizoma
补脾养胃、养肾涩精、减肥健美，并具有防治糖尿病的作用。

现状植物分析与策略

主要经济作物
本地常见乔木
新增植物景观

建筑现状分析

建筑层高分析
现状建筑层高有一层、二层、三层、四层，且每种层高的建筑分布均匀

建筑风貌分析
现状建筑中混凝土建筑数量最多，木制、砖混、破损的建筑存在一定的数量

建筑质量分析
当地建筑一部分是近几年建造，建筑质量相对较好，但也存在一定数量的较差以及差的建筑

建筑布局图
现状建筑的布局形成"起"、"承"、"转"、"合"的序列

建筑历史延续图
通过建筑历史地名，或根据历史记忆恢复和改建原有的格局，保留原有的认知地图，形成集福庙、古井、民居、旧寺等四块重点保护区域

建筑现状和历史图
为了使村域规划设计符合现代需求，我们将建筑区域划分为历史和现状两大块，保证了新村和古建的平衡

建筑特点分析

老式木瓦结构　老式砖瓦结构　老式石瓦结构（地面式）　老式石瓦结构（吊脚式）

老屋外立面改造

基于时间性的建筑活动分析

活动强度　　老年人　年轻人　小孩
活动类型
活动分析

建筑改造理念

建筑单元　　建筑组团

住宅外部空间分析

十里苍楚 禅养源流 5

基于触媒理论引导下的宁溪镇蒋家岸村规划设计

新村改造

新村建筑源图一　　新村建筑改造效果图一
新村建筑源图二　　新村建筑改造效果图二

图例
① 游客服务中心
② 特色古井院落
③ 休闲茶园
④ 黄岩特色民居
⑤ 特色民宿
⑥ 古峰老屋
⑦ 民俗文化院落
⑧ 手工艺品制作坊
⑨ 一般民居
⑩ 商住建筑
⑪ 特色小吃铺
⑫ 农事体验馆

老屋风情区改造平面图

建筑立面改造　　拆除　修缮　改造　不动

当地传统文化回归

灯会盛世——二月二

宁溪二月二是浙江省古老的民俗文化活动，也是浙江省第三批非物质文化遗产，至今已有700多年的历史。据说因为正月十五元宵节，到处都在举办灯会活动，所以宁溪特意将灯会推迟到二月初二"春龙节"，这样既可以先学习别处的经验，又能够让别人出有机会到宁溪来看灯，于是有了"中华元宵首三五，宁溪灯会独一二"的独特习俗。

古韵悠扬——作铜锣

《作铜锣》是第二批台州市非物质文化遗产，是一首表达山区人民对美好田园追求及和平生活愿望的铜锣乐曲，据说此曲是宁溪工作于南宋，因而宋代是"作铜锣"的初盛时期。到了明代，宁溪有了"二月二"灯会，乐工演奏被民间的铜锣锣会代替，"作铜锣"成为宁溪音乐中最具特色的民间器乐合奏曲。

以食为天——老味道

宁溪镇蒋家岸村传统特色美食丰富多样，如自家酿造的豫猴桃酒、青饼、麦饼头、柴蓍肚肚、糯米团子、炒糊拉、燕月饼、手打面、姿汤圆等，每一种味道都勾起无限乡思。

以诗达意

目所及 物华 蒋家楚十里
叹流光 百年忘素 心恋处 萧萧双鱼下
汉水煮鲈莼 青山豆画屏
犹记演教殿宇 参差碧落中 鸣钟香飘
垂头柳条弄影 铜铛留回音 唯装楚无知 斜倾长青
问五郡边上 轩画船 几度古今
又春风万里向来 点点染新
八声甘州 十里蓉楚

实体触媒活力释放

景观营造	民俗博物馆展出	娱乐体验

畚箕　耙　广播箱　竹篮　风谷车　茶壶　碗柜
拜耙　耙　打谷　簸箕　米筒　打谷机　灶锁
水缸　瓦缸　猪食槽　斗笠　蓑衣　木凳　木椅

传统民俗用具

禅教文化解说

通过旱寨结合文化石牌的形式，记录和解说禅教文化，并通过周围环境的营造，体现向往自然以及禅意的理念。

禅教遗址解说地平面图

传统元素应用

禅教禅意养生馆

整体鸟瞰图

浙江理工大学

一个失田村的绝处逢生——宁溪镇白鹤岭下村乡村规划与设计

教师感言：

这次设计竞赛从调研开始到结束近三个月时间。在这漫长而又短暂的三个月时间里，我非常欣喜地看到了自己指导的参赛团队在经历了协作、努力、困惑、迷茫、矛盾、坚持之后迎来的成长与蜕变的整个过程。

所有的同学都值得鼓励与赞扬，无论他们得奖与否。他们在这个时间段里拿出了自己最好的作品，无怨无悔！

他们在竞赛过程中遇到的困难与磨练而带来的成长，是对他们最好的奖励！

我也非常感谢这群孩子们，看到他们的成长是对我工作最大的回报！

与他们相处的点点滴滴是我从教生涯最美好的回忆之一！

团队感言：

整个参赛过程中对我们而言收获最大的是竞赛的工作方法和各种解决问题的方法。竞赛过程也是一个友情培养的过程，是一个人心智蜕变的阶段，比起三个月前的自己，除却创意，更懂得表达对于创作的重要性，合适的表达方式更为自己想法增添了光彩。比起结果，过程里遇到的困境和走出困惑后的豁然开朗更加珍贵。

一个失田村的绝处逢生

引泽护长潭，一鹤排云上。格物育少年，版画兴岭下
宁溪镇白鹤岭下村乡村规划与设计

1

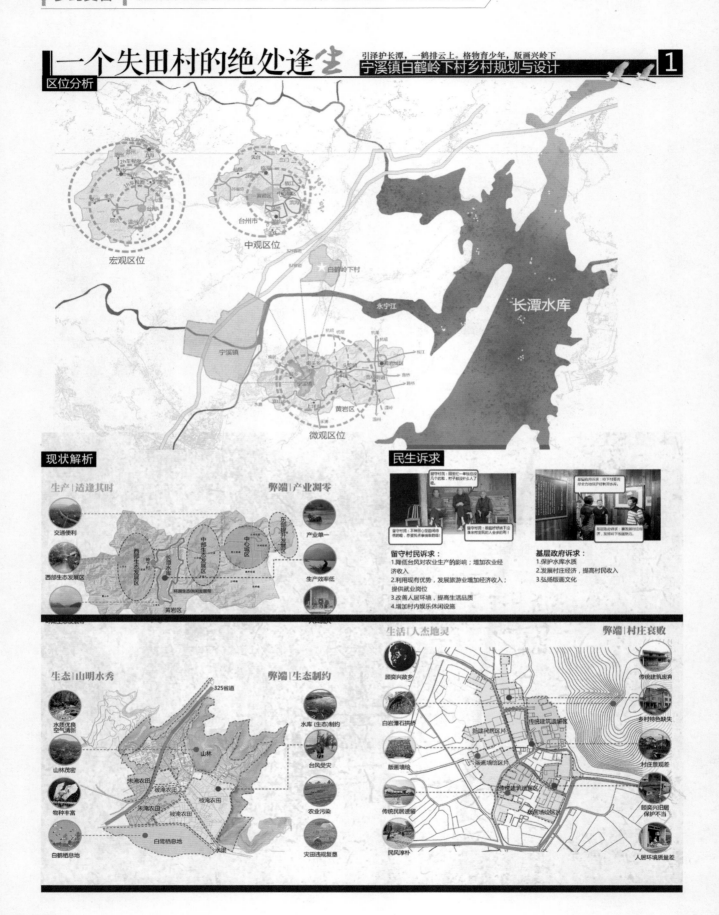

一个失田村的绝处逢生

引泽护长潭，一鹤排云上。格物育少年，版画兴岭下
宁溪镇白鹤岭下村乡村规划与设计

SWOT分析

1.宁溪镇新区
2.长潭水库上游
3.绿水青山
4.白鹤天堂
5.顾奕兴故居
6.版画之村
7.处于环湖生态发展带上

1.传统农业低产低收
2.水库生态要求制约上游村落经济生产活动
3.产业单一
4.山林、农田荒废
5.版画体验形式单一

优势 Strength ｜ 劣势 Weakness
机会 Opportunities ｜ 挑战 Threat

1.高新技术农业发展
2.生态文明建设成为国家战略
3.城市人"自然缺失症"日趋严重，乡村旅游业兴起
4.黄岩"沿路美丽乡村发展带"的重要节点

1.生态湿地后期开发，管理的专业性要求高
2.仿生种植对自然灾害可控性差
3.高效农业科学技术要求高
4.自然学校对教育专业人才需求大

功能规划

产业布局规划 ｜ 湿地布局规划 ｜ 专项设计

规划定位

本案对白鹤岭下村的生态、生产、生活三个方面进行整体规划以解决其产业凋零、生态制约、村庄凋敝的问题。生态方面，以保护长源水库生态环境为原则，保证水库生态的和谐发展。生产方面，加强农业科技化和产业升级，促进岭下村产业多元化发展；生活方面，实现"诗意村居，活力岭下"，建设现代宜居型的乡村社区。本案致力于将白鹤岭下村打造成一个生态和谐、生产多元、生活融洽的新型美丽乡村。

生产 ⇄ 生态
生机
生活

规划构思

自然学校大本营 ｜ 高效农业 ｜ 生态湿地 ｜ 自然学校 ｜ 自然学校

措施、目标

产业凋零 → 自然学校 仿生农业 高效农业 湿地农业 → 生产网络

生态制约 → 森林湿地 公益林保护 → 生态屏障

村庄衰败 → 版画体验馆 自然学校大本营 版画文化广场 → 诗意村居 活力岭下

问题 资源 机遇 策略

传统农业低产低收	水库制约	产业单一	版画体验形式匮乏
+	+	+	+
宁溪镇边	长源库群	绿水青山 白鹤天堂	版画大师顾奕兴故乡
+	+	+	+
高新技术农业发展	生态文明建设成为国家战略	黄岩"沿路美丽乡村发展带"	城市居民回归自然的需求增加
高效农业 仿生种植	森林湿地	村庄人居环境提升	乡村旅游

在保护水库生态环境的前提下，结合现有自然与文化资源，发展容量限制型旅游的产业

自然学校

农田 水库
农民
森林湿地

生态
生产 ── 平衡 ── 生活

高效农业 仿生种植 湿地农业 自然学校 ｜ 自然学校大本营 版画体验馆

一个失田村的绝处逢生

引泽护长潭，一鹤排云上。格物育少年，版画兴岭下
宁溪镇白鹤岭下村乡村规划与设计

3

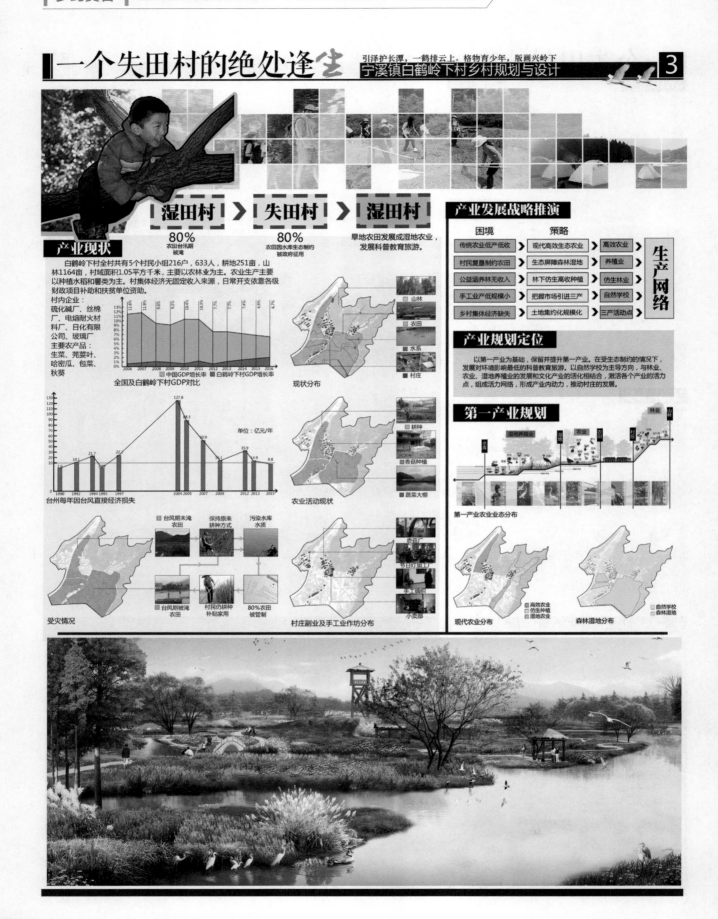

湿田村 > 失田村 > 湿田村

80%
农田台汛期
被淹

80%
农田因水库生态制约
被政府征用

旱地农田发展成湿地农业，
发展科普教育旅游。

产业现状

白鹤岭下村全村共有5个村民小组216户，633人，耕地251亩，山林1164亩，村域面积1.05平方千米，主要以农林业为主。农业生产主要以种植水稻和薯类为主。村集体经济无固定收入来源，日常开支依靠各级财政项目补助和扶贫单位资助。

村内企业：
硫化碱厂、丝棉厂、电熔耐火材料厂、日化有限公司、玻璃厂

主要农产品：
生菜、芫荽叶、哈密瓜、包菜、秋葵

全国及白鹤岭下村GDP对比

■中国GDP增长率　■白鹤岭下村GDP增长率

单位：亿元/年

台州每年因台风直接经济损失

受灾情况

现状分布
■山林　■农田　■水系　■村庄

农业活动现状
■耕种　■香菇种植　■蔬菜大棚

村庄副业及手工业作坊分布
■香菇厂　■节日灯加工　■手工编织　■小卖部

产业发展战略推演

困境	策略	
传统农业低产低收	现代高效生态农业	高效农业
村民复量制约农田	生态屏障森林湿地	养殖业
公益涵养林无收入	林下仿生高收种植	仿生林业
手工业产低规模小	把握市场引进三产	自然学校
乡村集体经济缺失	土地集约化规模化	三产活动点

生产网络

产业规划定位

以第一产业为基础，保留并提升第一产业。在受生态制约的情况下，发展对环境影响最低的科普教育旅游。以自然学校为主导方向，与林业、农业、湿地养殖业的发展和文化产业的活化相结合，激活各个产业的活力点，组成活力网络，形成产业内动力，推动村庄的发展。

第一产业规划

第一产业农业业态分布

现代农业分布
■高效农业　■仿生种植　■湿地农业

森林湿地分布
■自然学校　■森林湿地

一个失田村的绝处逢生

引泽护长潭，一鹤排云上。格物育少年，版画兴岭下
宁溪镇白鹤岭下村乡村规划与设计

4

规划总平面

设计说明

为了解决产业离零、生态制约、村庄荒败的困局，对白鹤岭下村的生产方面进行产业提升和产业升级，引入低污染高收成的高效农业和生态的生存环境的生种植农业，结合低端入湿地农业。此外，凭借岭下村的生态优势，规划一个野外生存、生态教育、农业认知、版画等学习于一体的休闲教育体验型第三产业"自然学校"，促进岭下村产业呈多元网络化发展。

325省道

美旭桥

永宁溪

N

0 30 100   300m

经济技术指标：
1. 规划总面积:42公顷
2. 农业面积:8.3公顷
3. 山林面积:38.6公顷
4. 居地面积:23公顷
5. 居住面积:8.8公顷
6. 交通面积:2.8公顷

图例：
① 自然学校手工坊
② 自然学校餐厅
③ 自然学校宿舍
④ 村委会
⑤ 版画体验馆
⑥ 墙绘版画区
⑦ 观鸟点
⑧ 钓鱼点
⑨ 自然认知区
⑩ 庙宇
⑪ 露营点
⑫ 烧烤区
⑬ 室外电影厅
⑭ 体育球场
⑮ 划艇区
⑯ 传统农业种植区
⑰ 高效农业种植区
⑱ 仿生林业种植区
⑲ 湿地水产养殖区
⑳ 停车场
㉑ 厕所
㉒ 休憩景观亭
㉓ 自行车租车点

■ 自然学校意向图

第三产业规划

乡村旅游环境影响评估

农家乐旅游　　民俗村落旅游　　休闲田园旅游　　科普教育旅游

以科普教育为核心的乡村旅游在文化、生态、经济、教育、社会这五方面达到最佳平衡。

第三产业发展措施

who?　　　what?　　　　　　how?

学校以自然为特色，给自然学科提供展示空间和学习空间。

村对村内缺乏儿童室内交流空间现状，结合村内闲置的特色农房，创造有活力的学校大本营。

结合教学特色，创造体验自然乐趣的参与性场所。

综合考虑山村庄文化特色林、长潭水库、被淹农田、村庄文化特色，布置具有的自然学校定点，为自然学校提供天然室外场地。

自然学校规划布点

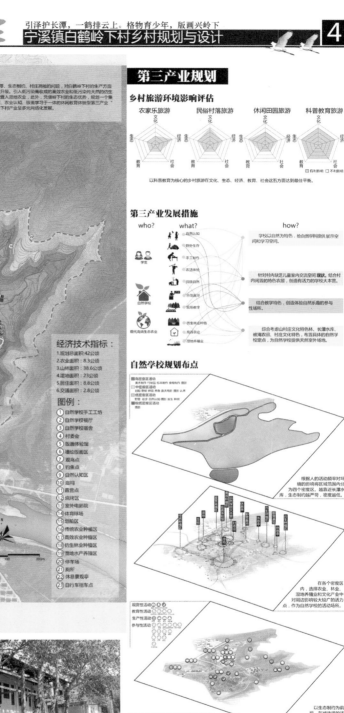

根据人的活动频率对环境的影响将区域范围内分为四个密度区，越靠近长潭水库，生态制约越严苛，密度越低。

在各个密度区内，选择农业、林业、混淆养殖业和文化产业中对周边影响较大较广的活力点，作为自然学校的活动场所。

以生态制约为前提，在减选择的活力点内及周边布置活动因子，充分激活活力点。

布置景观游线，将各个产业的活力点连接起来，形成产业网络，推动村庄形成域内动力，产业得到激活。

一个失田村的绝处逢生

引泽护长潭，一鹤排云上。格物育少年，版画兴岭下
宁溪镇白鹤岭下村乡村规划与设计

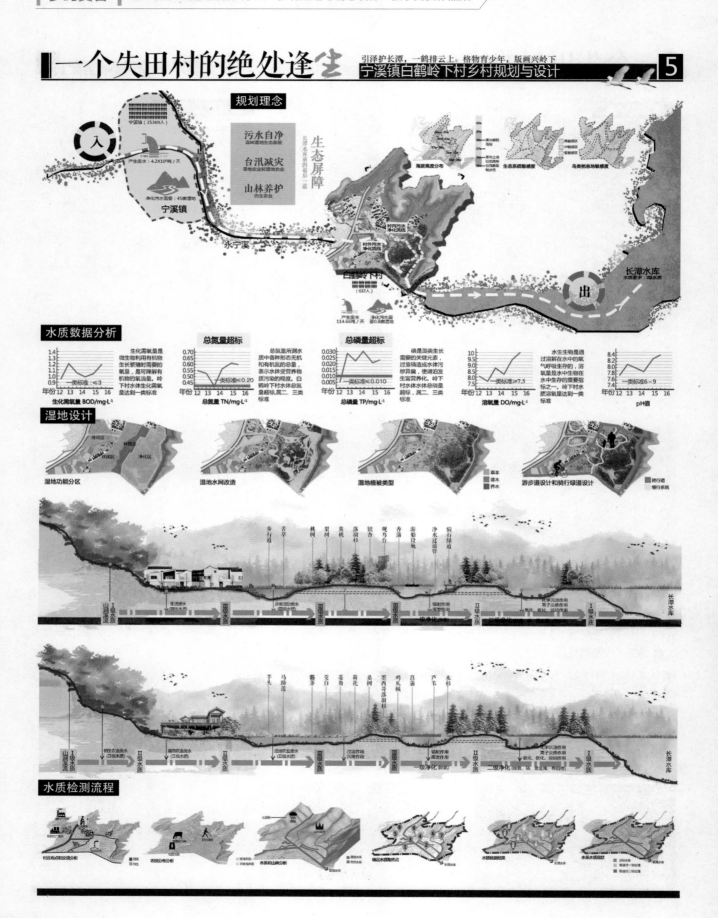

一个失田村的绝处逢生

引泽护长潭，一鹤排云上。格物育少年，版画兴岭下

宁溪镇白鹤岭下村乡村规划与设计 6

版画活化+版画体验馆——顾奕兴旧居改造

A. 违章搭建，房屋杂乱无序

B. 道路狭小，空间体验感差

C. 残墙堆砌，杂物堆放随意

D. 砖房闲置，庭院空间荒废

拆除违建，新建版画文化广场

放开道路，营造舒适氛围

材料利用，新建版画观赏空间

新旧碰撞，营造廊下温情时光

1-1剖面图

2-2剖面图

版画展示区

顾奕放旧居工作室

版画工具展示区

版画展示区

版画体验馆二层平面

内院

连接大木厅

广场

版画体验馆屋顶平面

版画体验馆一层平面

乡土情怀+废弃空间利用——自然学校大本营

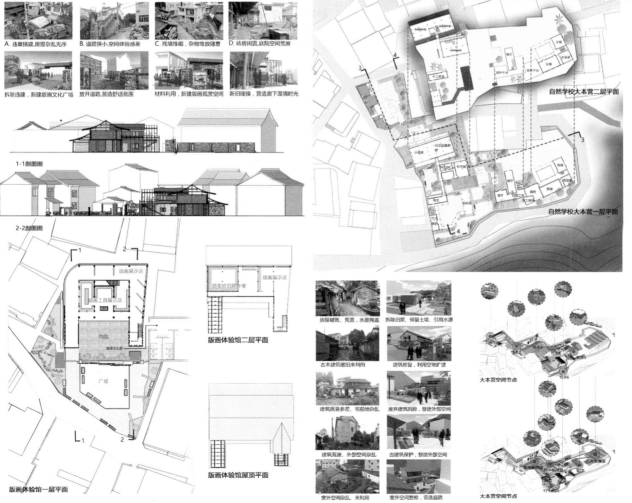

自然学校大本营二层平面

自然学校大本营一层平面

房屋破败、荒置，水源掩盖

拆除旧屋、保留土墙、引用水源

古木建筑破旧未利用

建筑修复，利用空地扩建

建筑质量参差、宅前地杂乱

废弃建筑拆除，整建外部空间

建筑荒废、外部空间杂乱

古建筑保护，整洁外部空间

室外空间杂乱、未利用

室外空间整修，营造庭院

大本营空间节点

大本营空间节点

浙江树人大学

云端山居图——台州市黄岩区富山乡安山村规划设计

教师感言：

我担任此次安山村设计改造的指导老师，每次与学生交流，看着他们一个个不那么成熟的想法，心里是开心的。在做方案期间，我给他们一些指导意见，分享给他们一些好的参考资料，希望他们可以做得更好，不辜负自己的努力和汗水。看到最后的方案，虽然不那么好，可心里真的替他们感到高兴。

团队感言：

我们实地考察的时间是在暑假，经过长达4个小时的公交车颠簸，我们才到目的地——安山村。一到安山村，一股凉意袭来，看到被群山围绕的小山村，脑中困意少了不少。暑假里，我们绘制现状图、从构思再到最后出图，我们学到了很多乡村规划设计的知识，这对我们以后的工作学习有巨大的帮助。

当我们来到安山乡的时候，第一印象是穷乡僻壤，可是安山乡的静谧和美好又让我们爱上了这个小山村。在后期的规划设计中，我们不同专业的同学，相互交流、相互学习，学到了不少的专业知识。

雲端山居圖
台州市黄岩区富山乡安山村规划设计

理念与策略

如何传承安山 **传统建筑**？　　如何塑造安山 **特色文化**？　　如何营造独特的 **城市印记**？

1. 城镇空间：城镇建设发展在时间和空间维度的拓展

旧 旧时的房屋的传统空间，慢慢地在我们的生活中消失不见，只能成为一种对过往民居生活的留念与幻想。

新 正在营造中的现代建筑框架，现代化的建筑方式取代了传统的民居，给人们的生活带来了便利与舒适。

如何拯救破旧传统街巷肌理？ **拆**

如何处理新旧建筑的关系？ **改**

塑造传承传统特色民居　　维系新建成区空间环境

若干建筑的墙体、屋顶等结构已经严重损坏，年久失修，存在安全隐患，应对其中无保留价值的建筑予以拆除，有保留价值的历史建筑予以加固、保护。

部分新建建筑里成片建造，形成较新的整体风貌，但因用使用材料、构件等风格混搭，对富山乡的整体风貌产生了破坏，应予以适当修饰、修整。

如何避免城镇形象的树立？ **修**

部分新建建筑高度、色彩和外立面与当地传统不符，视觉上产生了冲突，应对其高度、色彩等要素予以改造。

寻求街巷空间活力之道

进入1990年代城镇建设时期，尽管街巷的发展建设已初具规模，但现代化建设使环境资源的唯一性和传统尺度缺失，建成区空间对旧传统空间结构和城市印象的断裂，使得文化的认同和归属感缺失。

另一方面，乡镇缺乏明确的城市更新策略使得部分建筑质量较差建筑一直维持建续，村镇空间虚化加剧了民居缺乏修缮建筑破旧和生活垃圾散乱，对环境质量产生消极影响。

2. 周边环境：发扬良好的山水网格，打造良好的开放空间，塑造特色多元的山居景观

河谷及道路两侧较好的景观构架

理 ——四季斑斓的景观漫步

村落缺失的特色山居景观

造 ——别有韵味的山居景观

现状公共绿地较差的品质效果

改 ——宜民利民的生活模

环境整治与规划

1. 人与自然共生的生活在消失……伴随而来建筑开发、公共空间缺失、环境卫生质量差、管线乱搭等种种环境问题。

2. 对当地环境的整治，对现状环境进行短期的系统梳理与提升。

3. 打造重点街区和开放空间，重塑消失的"田园生活"与"街巷生活"。

4. 体现当地文化特色，打造安山的乡镇文化名片，振兴产业，体现文化与现代、自然与环境谐共生的新生活，推崇步行和宜人康体养生的慢生活。

·壹·

雲端山居圖 台州市黄岩区富山乡安山村规划设计

理念与策略

3. 特色资源：发掘探究安山的历史人文、古迹遗存，打造特色安山风光

村名的由来

安山村（马鞍山）因村头有一山形似马鞍而得名。至于这马鞍山的来历还有一种传说：相传孙悟空生性好动，不习惯在天庭受约束，便回到人间花果山，可花果山早已破败，孙悟空不想睹物伤情，便约上小白龙，到处游山玩水，最后来到南正顶，见此处山高林深，十分幽静，并且是台温交界之处，便在此处安居下来，但小白龙不愿留在山中，留下取经时所用的马鞍就走了，孙悟空一生气就把马鞍随手一丢，即刻变成一座小山，就是现在的马鞍山了，后来山中有了人家，就以马鞍山为村名。直到改革之初，因与黄岩北城马鞍山村同名，遂改为安山村。

马鞍山之战

1930年9月，国民党一支队伍，在黄岩县团防总队长蒋亨周的带领下，前来攻打葡萄坑戴元谱领导的红军游击队，在葡萄坑战失利后，败退到马鞍山，本想稍作休息，可惜未稳，红军游击队已从三面追来，双方激战。顿时枪声大作，子弹横飞。"狭路相逢勇者胜"，虽然国民党军队战备精良，顽强抵抗，可哪里是英勇善战的红军游击队的对手，死的死、伤的伤，根本无力抵挡，只能狼狈逃窜。这一战，打出了红军游击队的神威，有力挫伤了国民党军的锐气，从此再也不敢来岭上地区攻打红军游击队。

古迹遗存

路廊 是过往行人歇脚躲雨之所。古道安山地段设有路廊二处，一个在半山岭头，一个在现大会堂旁边徐计生屋处，因安山地处交通要道，路廊尤为重要。但遗憾的是随着时代变迁，老的路廊早已拆除，现只有2013年前后参照原址新建的路廊。

安山村原有水碓四座，分别是外坦过溪水碓、外坦口水碓、庙下塍上盘碓和下盘碓。现水碓已废，遗址尚存，留下来的只是历史的记忆。

永灵庙位于岭头庄潭边，面临深潭碧水，背倚峭壁悬崖，"白马公路门前过，攀龙亭台屋后贫"，是岭头庄景区的主要建筑。

化油坤观位于黄永古道半山岭头处，属纪念性建筑。

钓鱼台 位于岭头庄潭南岸，下临深潭碧水，背靠悬崖峭壁，是钓鱼的绝妙之处。

富山大会堂 位于马鞍山自然村中心地带，是周围村民休闲、开会的场所。建于20世纪80年代，近年后换然一新。

设计主题

春夏秋冬
四季纷飞，心归安山

空间体系规划

春 总是意味着盎然生机，是一切新生命的开始，大片的田野应该就是春最热烈的体现，更是乡村原味与本质的根源与体现，是乡村文化在空间"面"上的展现与成果。

夏 有利人们展现活跃与放飞自我，更是人们解放天性的最好季节，利用山脉的"流线"来打造"遮天蔽地"的氛围与区位，是乡村新鲜功能在空间"线"上的落实。

秋高气爽，在赶集之中分享喜悦，需要对村落注入新鲜的血液来获得村落重生，"村"的蜕变需要我们从空间的"点"去落实。

冬 万物休眠，正是休养生息的时候，静谧的氛围更显乡村文化的底蕴和内涵，对老建筑的更新也是乡村自然与文明在空间"深度"上的挖掘与深造。

功能布局

"春" 大美农业区

作为安山村的田园背景，保留乡村田野的原味，主要以农业体验为主，让游客融入乡村。

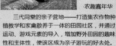

"夏" 农趣嘉年华

三代同堂的亲子营地——打造集农作物种植教学和家禽散养于一体的田园住区，并通过运动、游戏元素的导入，增加野外田园的趣味性和主体性，使该区成为亲子游玩的好去处。

"冬" 生态颐养区

该区主要以山景观蓝酒店为主，结合周围的自然环境与自然资源，打造高端的生态颐养园。并改造了一些当地的民宿，布置出一个以旅游观光为主的休闲度假中心。

"秋" 乡村生活体验区

该区主要以民居自家的商铺改造为乡村街铺为主，还包含了厨房与餐厅，提供了乡村商业街、乡村美食品尝等方式，丰富游客与村民的生活。

总平面图

1. 景观地标
2. 入口特色景墙
3. 牛伯嗯嗯
4. 植物廊架
5. 动植果大惊草堂
6. 农耕文化摄影馆
7. 富山乡人民医疗
8. 首理会馆
9. 四合门坊
10. 惠华民宿
11. 古树广场
12. 休山停车
13. 写稿坊
14. 农娱乐游戏池
15. 郑家教教坊
16. 农耕文化体验馆
17. 生态停车场
18. 药信中心
19. 绿色地产
20. 生态养盘管理归
21. 美食农特色自行行
22. 安山民宿馆
23. 富山文化长廊
24. 安山文化礼堂
25. 养生民居
26. 养生餐厅
27. 安山农家乐
28. 安山文化礼堂
29. 都市中心
30. 疾病管理中心
31. 安山花语坑民宿
32. 富山学校

雲端山居圖 台州市黄岩区富山乡安山村规划设计

传统工艺

1. 富山有丰富的竹类资源，竹造纸工艺是富山特色的传统工艺，村民利用捣碎研磨的竹材经过几道工艺后得纸浆。

2. 黄衣曲酒，又称糯米酒。每年稻米成熟，村民选取优质高山糯米或晚米，烧熟成米饭，延用老祖宗传下来的一种专门的黄衣曲酿造而成。

3. 番薯面，又称绿豆面，以高山上种植的番薯为原料，采用独有的传统工艺与现代技术相结合精制而成。面条晶莹剔透、韧滑劲道、美味可口，深受老百姓喜欢。

现状分析

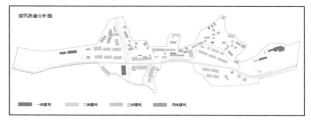
建筑质量分析图

一类建筑　二类建筑　三类建筑　四类建筑

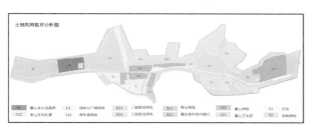
土地利用现状分析图

A1 富山乡人民政府　G1 绿地与广场用地　R21 二类居住用地　B11 商业用地　A33 富山学校　E1 河流
A22 安山文化礼堂　S42 停车场用地　R31 三类居住用地　B21 黄岩农村合作银行　A51 富山卫生院　E2 农林用地

建筑层数分析图

一、二层　三层　四层　五层及以上

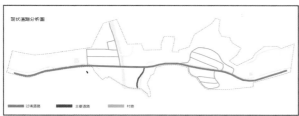
现状道路分析图

过境道路　主要道路　村路

建筑更新方式

保留建筑　修缮建筑　拆除建筑

街巷空间分析

村庄巷道为人车混行模式，两侧为村庄建筑，建筑高度为1-4层，街巷尺度小，空间狭窄；有坡地的村庄内通道为人车混行模式，两侧多为绿化，街巷尺度小，但是由于两旁植物生长茂密，空间闭合感强烈。

社区街道为人车混行模式，机动车可双向并行，两侧为现代建筑和绿地，建筑层高2-5层，街巷尺度较小，空间闭合较狭窄。

村镇公路多为双向两车道，宽度不等，人车混行模式，两侧多为绿化、居民住宅或小商铺，街巷尺度较大，空间非常开放。

村庄巷道断面图

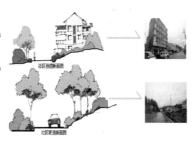
出村巷道断面图
社区街道断面图

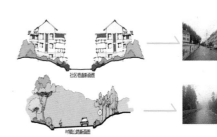
社区巷道断面图
村镇公路断面图

SWOT分析

Strength

安山村位于海拔400米的高山上，四周环山，一条河流贯穿村庄，自然水环境基底较为良好。村庄商业分布较为集中。村庄内交通较为完善，满足村庄内通行需求，同时兼有对外交通路线，与四周联系密切。村中有基本的政府、医疗、学校的布置，基本满足村庄发展。自然山水环境基底较为良好，自然山水环境基底较为良好。

Weakness

村庄定位不明确，地区归属感缺乏，没有跟地区相适应的特色精品项目，产业定位不明确，产业较为单一，主要依靠农业。因地势高，对外交通不够便捷，缺乏对游人的吸引力，人流量的缺乏导致村庄旅游产业无法得到有效的发展。

Opportunity

浙江省小城镇环境综合整治行动实施方案、黄岩区小城镇环境综合整治行动实施方案"加强三整治"的外部政策要求。富山当地的需求和旅游业发展的诉求。

Threats

建筑部分年久失修，质量不达标。各种材质建筑相互混杂，村庄面貌凌乱，没有统一的规划标准。沿岸河道较多处于待开发区域，各类资源优势不明晰。资源利用率较低。乡镇环境卫生没有进一步整治，有进一步恶化的趋势。

雲端山居圖

台州市黄岩区富山乡安山村规划设计

村庄概况及政策

村庄概况：
富山乡位于台州市黄岩区境内西部，面积54.11平方千米，截止到2005年9月下辖19个行政村，总人口12008人，2015年11月调整到16个行政村。乡政府所在地为安山村。山林总面积6.6万亩，森林覆盖率81%，耕地总面积5754亩，是属于九山半地半分田的典型山区，2014年被评为国家级生态乡。

安山村，是富山乡人民政府所在地，距富山乡的经济、政治、文化中心，平均海拔400多米，距黄岩城区约57千米，辖5个自然村（岭头、高坵、安山、外坦口、庙下辖），全村应户数304户，总人口996人，有12个村民小组，共有水田286亩，旱地269亩、山林1672亩，2012年人均收入4720元，村集体经济收入8万元，主要来源于市场租金。

规划政策：
《浙江省小城镇环境综合整治行动实施方案》
《浙江省小城镇环境综合整治技术导引》
《台州市小城镇环境综合整治行动实施方案》
《黄岩区小城镇环境综合整治行动实施方案》

规划范围：富山乡安山村
规划面积：全村共有水田286亩，旱地269亩、山林1672亩。

区位与周边

台州市位于浙江省南部，长三角区市群区域内。
富山乡位于台州市黄岩区最西部，距黄岩城区56千米，距离台州市主城区71千米，东连宁溪，北临上郑，西南与温州永嘉接壤，区域内通过G325道继系东西交通，自然山水区位优势明显。市内有铁路系统、机场和码头，对外交通便捷。东部靠海，有较好的海上货物运输往来优势。

现状节点图

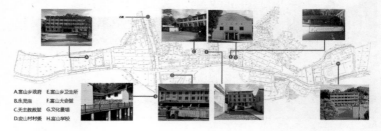

A.富山乡政府　E.富山乡卫生所
B.永灵庙　　　F.富山大会堂
C.天主教教堂　G.文化景墙
D.安山村村委　H.富山学校

现状资源分析

经济作物

环境现状

建筑风貌

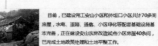

安山村现有4个农业专业合作社，拥有高山蔬菜种植面积约250亩，其中，连片种植高山蔬菜面积达120余亩，水果基地（杨梅）约250亩，看于开发的毛竹两用林基地达400亩。安山村作为富山的集散地每天农历二、五、六，安山本人山人海，富山人民以及永嘉县和张溪乡部分村民将来安山而直上赶集购物。

目前，已建设完工安山小区和外坦口小区共计70多间房屋，水电、道路、通信、小区绿化等配套基础设施基本完善，正在建设安山农房改造试点小区房屋40余间，已完成土地政策处理和土地平整工作。

历史沿革及特色分析

1.富山乡安山村是中国浙江省台州市黄岩区富山乡下辖的一个行政村，位于富山乡的北方。黄岩故地在嘉，属于东瓯地，春秋战国为东瓯王国，秦代属闽中郡，汉代属回浦县，置安县，永宁县，三国、两晋至南北朝隋唐县。富山乡园既对属峰乡，称半山的北山。1956年，半山、北山青乡合并称富山。因地处山区，粮丰林茂，物产丰富而得名。截止到2005年9月下辖19个行政村，总人口12008人。乡政府所在地为安山村。

2.水碓，又称机碓，水搞碓，翻车碓，斗碓或鼓碓水碓。旧时中国农用器具，下面的石臼里放上准备加工的稻谷，靠水冲击水轮使它转动，轴上的拨板拨动碓杆舂捣，健碓头一起一落地进行舂米。借端来85碓，立式水碓在这里得到极抢当、最经济的应用，正如在水磨中常常应用卧式水轮一样。利用水碓，可以日夜加工粮食。我国在汉代就明了水碓，浙东山区在近代已有了使用滚筒式水碓记载，随着农业产业调整的启动纳化水平的提高，以及水源环境的变化，到20世纪未，水碓才完全退出了山区农民的生活，安山村原有水碓四座，分别是外坦口溪碓、外坦口水碓、庙下辖上碓和下碓碓。现水碓已被，遗址尚存，留下来的只是历史的记忆。

3.从乌安山向西，大约有十几个村庄的水都流向永嘉，原先都属于永嘉。据说在今天乌安山岭头上走永灵庙内，还有一只香炉上面铸有"富嘉五十都"字样。永灵庙位于岭头庄旁边，面临深潭翠水导向峭壁旱庭，"日马公路门前过，蟹龙亭台屋所在"，是岭头庄景区的主要建筑。

4.富山庙村旅游发展蓝图规划，截止到2005年已开发双坑高端岩、鹰石枕、双西基布等景点，建成特色游步道6000米，漂流区河瓶车道1000米，安步护行2长廷、2500米。闲间隧资700多万元提炼小寺基度假村，富山水库龙潭山庄、南江国家软护活动场所等风量区逐步建成，加强旅游开发宣传，待实干群聚会，富造实施"旅游兴乡"战略的良好前景图，逐步形成以生态休闲观观赏效为龙头、以"农家乐"为特色的"财富之旅"。

富山印象

高山　　竹海　　自然景点
流水　　古树　　小桥流水　　高山农产

雲端山居圖 台州市黄岩区富山乡安山村规划设计

项目景点介绍

一、农耕文化展示馆

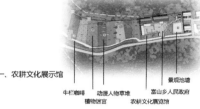
牛栏咖啡　动漫人物草堆　植物迷宫　农耕文化展览馆　富山乡人民政府　景观池塘

总图位置示意图

二、四季花田

夏 我这里天气凉凉的，你那里呢？

农趣体验馆

现状条件
1.小地块四周被群山包围。
2.河流由北向南，贯穿场地。
3.有小部分民宿设置。

优势分析
1.自然资源丰盛，开发程度低。
2.道路敷理清晰。
3.与周边村庄联系密切。

劣势分析
1.房屋质量参差不齐。
2.景点数量少，吸引力不够高。
3.建筑风貌杂乱。

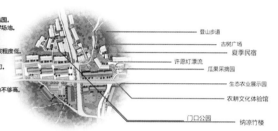
登山步道　古树广场　夏季民宿　许愿灯漂流　瓜果采摘园　生态农业展示园　农耕文化体验馆　门口公园　纳凉竹楼

三、牛栏咖啡店

现状
历史　交通　地形　产业
文化　河流　人口
分析
优势　劣势
保留　深化　删除　颠覆
利用　改良

规划思路分析图

四、动漫造型园

规划意向参考图

一、农耕文化体验区

五、古树广场

五、植物迷宫

二、采摘体验区

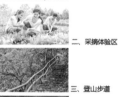
六、纳凉竹楼

六、特色景墙

三、登山步道
四、观星台
七、门口公园
八、生态农业展示园

设计过程

将西侧旧屋拆除改造，建一中高端的名宿，增加了名宿屋内与屋外的联系，让客人游客感受到空气的流动和特有的高山凉爽气候。同时也扩大了对外的观景视野，游客在避暑纳凉的同时也能将溪水面貌映入视线。

溪岸东侧的两幢三层小楼做修缮改造，提供大众性避暑纳凉名宿，被山靠水天然氧吧。

在缘山下的泳池能够将基地夏季的纳凉性质提到更高处。

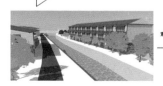

意向效果

雲端山居圖 台州市黄岩区富山乡安山村规划设计

秋 **乡村生活体验区** 想和你一起去吹吹风，和村民一起感受赶集的街！

特色集市 依托地方特色农产品、传统农居及乡村传统手工艺等资源，结合乡村传统市集文化，打造主要以售卖特色风物为主的特色市集。

乡村传统手工艺品

纯天然果蔬

乡村本土食材

健康原味家禽

生态农业展示园 利用基地内的田园资源，设计各类农事体验活动，比如参与耕作、播种、采收，或是学习修剪、嫁接、挤奶、剪毛等，让游客获得新的感受和得到休闲的乐趣，同时增长见识、积累经验，达到怡情益智的效果。

刮麦子

编竹篮

去种菜

乡食街铺 采用传统街巷格局为美食休闲街区，以当地名小吃、休闲餐饮为核心业态，结合当地传统文化、特色饮食，打造以乡村特色美食为主体的文化休闲美食街区。

特色美食

美味点心

安山文化街 以"乡村慢生活"为理念，结合农居和周围环境，打造乡村体验街区。通过生活环境的打造、书吧及茶吧等业态的植入，让游客静下心来感觉乡村慢生活。

戏剧

书法

织布

茶馆

养生院落 功能定位：休闲度假、健康管理
体验活动：特色疗养、家庭保健等
以指导居民健康的生活习惯、提供一个舒适的疗养环境为主题。

冬 **生态颐养区** 在云端深氧处品味养生的真谛

竹海山居
主题理念：提供舒适的养老主活住宅。
设计理念：在坡地建设住宅，体验不一样的山居。

服务管理中心
方便居民，提供各种服务集商业、文化、体育、卫生、教育等于一体的"居住区商业中心"。

乡创民宿 以"享受乡村生活"为理念，结合农居和周围环境，打造乡村体验型精品民宿。通过生活环境的商业打造、小品摆放、民俗元素的植入，让游客感受最淳朴的乡村创意生活。

节点分析

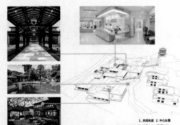

1. 热闹长廊 2. 中心公景
3. 阵局 4. 医养轴线

建筑概况：
·位于台州市黄岩区富山乡东北侧的山地上
·边临城市道路
·建筑方面采用中式设计风格，回归传统
·采用组团形式将其串联成一个整体

该养老建筑的优势：
·处于半山坡地段，有良好的视线与景观
·有配套的医疗设备，有利于老年人的健康保障
·建筑基地方面用缓坡来代替了台阶，更便于老年人的行走

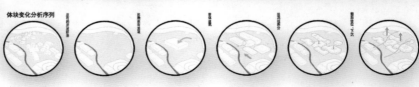

体块变化分析序列

浙江树人大学

划岩山下 桃花溪上——头陀镇溪上村乡村规划设计

教师感言：

通过参加此次"乡村规划与创意设计"（乡约黄岩）竞赛活动，使同学们有机会深入了解乡村所处的境遇，通过实地走访，既看到经济飞速发展带给村民生活上的种种变化，又体会到广大山村面临的发展困境，使同学们对"留住乡愁"有了更深切的理解和认识，对于未来的城乡建设者而言，不仅增强了他们的社会责任感，也提高了对所学专业的认识。在一两个月的规划设计过程中，同学们也展现出了不怕困难、团结奋进的优良品质，为今后的学习工作积累了丰富的实践经验。

团队感言：

乡村给我们的感觉永远是那么亲切、温馨。小时候，碧波荡漾的湖水、郁郁葱葱的田野、湛蓝湛蓝的天空。乡间泥泞的小路可能不及大城市宽阔马路的便捷，却也有故意踩着泥巴、趟着水坑的乐趣。

在规划设计溪上村的过程中，我们十分重视打造乡村文化和乡村特色。在提升基础设施建设的同时，也注重文化建设，还原乡村生活韵味。

通过此次的乡村设计竞赛，让我们对美丽乡村建设有了更多的理解，也感悟到了团队合作的重要性，更是认识到做真正的规划设计要全方位的思考，自己在专业上还需要更深入的学习与思考。

划岩山下 桃花溪上

头陀镇溪上村乡村规划设计
——浙江省第三届"乡村规划与创意设计"竞赛

一、现状解读篇

1 规划背景

为深入贯彻省委十二届七次全会精神，加快社会主义新农村建设，努力实现生产发展、生活富裕、生态良好的目标，2010年浙江省委、省政府制定了全省美丽乡村建设行动五年计划，拟以深化提升"千村示范、万村整治"工程建设为载体，着力推进农村生态人居体系、农村生态环境体系、农村生态经济体系和农村生态文化体系建设，形成有利于农村生态环境保护和可持续发展的农村产业结构、农民生产方式和农村消费模式，努力建设一批全国一流的宜居、宜业、宜游美丽乡村，促进生态文明和惠及全省人民的小康社会建设。

2 区位分析

黄岩区在浙江省的位置　头陀镇在黄岩区的位置　溪上村在头陀镇的位置

图例

溪上村位于台州市的中部偏南，北邻临海市。头陀镇北部，东连上洋村，南接溪东村，西邻横山村，北富山屯村，元同溪溪流穿村而过交通便捷，辖区内有划岩山景区。村由一条省道连通，贯穿村庄直达划岩山风景区。目前，村的西面正在建造国道，其对外交通体系具有良好的前景。

3 上位规划

黄岩区隶属台州市，位于浙江黄金海岸线中部，东界椒江区、路桥区，南与温岭市、乐清市接壤，西邻仙居县、永嘉县，北连临海市，距省会杭州207千米。
全区总面积988平方千米，2011年常住人口14.04万人。今为台州市主城区之一。区现行行政区划，下辖8个街道、五个镇、六个乡。
近年来，黄岩区构建"一心三区三带"空间发展格局。而溪水村地处黄岩区中部发展区，中部发展区重点发展生态工业、生态农业、休闲旅游业、大宗商品物流集散等为方向，推动区域优化发展。

4 村庄概况

溪上村全村区域面积3501亩，现有人口287户，共849人，下属竹坦、焦山、溪上、岙里、大屯头5个自然村。溪上村自然环境十分优良，山清水秀，同时境内有台州市内唯一的一个省级风景区——划岩山风景区，面积约为11.52平方千米，山地面积95%以上。
自从划岩山被定级为省级风景区之后，溪上村正在逐步发展成景中村。溪上村村民收入主要以农业和水果种植为主。
村内以栽培桃树园为特色，打造了远近闻名的"十里桃花源"。每年桃花盛开时，游客络绎不绝。另外村内也栽培杨梅、琵琶等其他水果。

5 建设现状分析

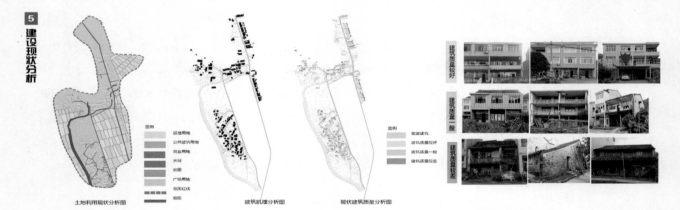

土地利用现状分析图　　建筑肌理分析图　　现状建筑质量分析图

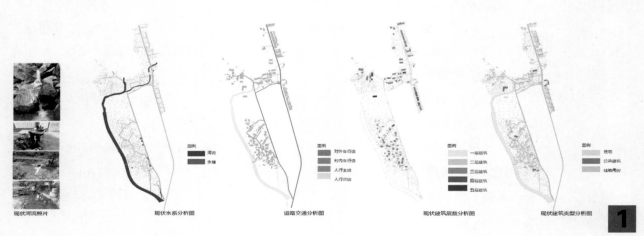

现状河流照片　　现状水系分析图　　道路交通分析图　　现状建筑层数分析图　　现状建筑类型分析图

1

头陀镇溪上村乡村规划设计
——浙江省第三届"乡村规划与创意设计"竞赛

现状资源评估

1 优势

1. 村庄周边农田较多,群山环绕,拥有极好的自然生态环境。 2. 新建"104"国道 对外交通便捷。 3. 村内已有些许民宿、农家乐 为发展旅游服务产业提供基础。

劣势

1. 现状传统建筑与新建建筑混杂分布,建筑风 格不协调,部分建筑破损严重,风貌有待提高。 2. 道路铺装太过硬化,宅间道路混乱。

机遇

1. 十三五规划对建设美丽乡村的要求 2.《黄岩区旅游业"十三五"发展规划》的专项规划。

威胁

1. 青年人外出打工,留守老人、孩童较多 缺少活力。 2. 村民环境美观意识淡薄 缺乏相应的引导。 3. 村民虽自发种植桃树增加收入,但收益不高。

围绕"美居、美业、美游、美文"的创建要求,通过产业提升、旅游带动、文化挖掘、村庄整治、土地整理、生态保护等综合实施,体现出具有溪上村地方新村建设特色的风情韵味,使之成为农村居民创业就业的基地、休闲旅游胜地和展示新农村建设成就的窗口。

规划目标

- 美居:通过科学合理的规划布局整合新区与旧区,住宅用地、公建用地与一、三产业发展用地之间的关系;完善乡村道路交通等基础设施和公共服务设施,以保证居民生活方便和出行便利。

- 美业:特别是将特色产业与特色旅游业有机结合,为当地居民创业就业拓展渠道,进而提高当地居民的生活水平,使地方经济得到可持续发展。

- 美游:充分利用本村的文化、产业、生态环境等方面的资源优势和发展环境,以旅游业为载体,通过合理配置旅游资源,完善旅游服务设施,提升乡村旅游品质,增强对游客的吸引力,带动第三产业的发展。

- 美文:充分挖掘地方特色和特色人文要素,注重优秀历史文化传统和非物质文化遗产的传承和利用,特别是与当代居民生活的有机融合,使纯朴的民风得到展现。

2 规划思考

背景优势

乡村旅游发展态势良好
浙江省美丽乡村建设
划岩山风景区建设
黄岩区乡村旅游建设

村庄优势

青山绿水生态好
桃源人家环境佳
民风淳朴人和善
背靠划岩地理佳

规划诉求

居民安置,宜居生活
村庄发展,产业共生
民宿体验,原汁原味
生态赏析,自然回归

＋ ＝ ？ 发展乡村旅游

3 目标定位

现状产业

以基础产业——农业为主,近些年兴起旅游业
农业:主要以果树种植为主
旅游业:主要发展生态乡村旅游

机遇

近些年来,政府对划岩山景区的规划与发展,吸引了一大批游客的到来,为处于划岩山下的溪上村带来了旅游资源,带动了旅游业的发展。

问题:

- 生态旅游业虽已起步,但在激烈的市场竞争中特色不够突出,需增强吸引力。

- 工业企业与农业、旅游业关联性弱,农业、旅游业发展方向、路径不明确。

- 服务水平有待提升,特别是旅游服务设施,不够精致。虽已有村民自发 建立多家民宿,但是缺少统一管理,不够规范。

- 以桃树为主的果树种植,仅局限于村民自采自销。当地所产的特色桃胶等相关产品也仅限于日常生活或零散销售,未充分利用桃林资源。

4 总体布局

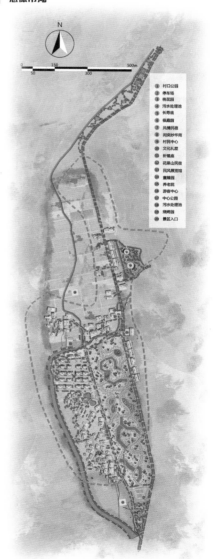

① 村口公园
② 停车场
③ 桃花园
④ 污水处理池
⑤ 长寿池
⑥ 枫园路
⑦ 风情民宿
⑧ 闲庭妙乐苑
⑨ 村民中心
⑩ 文化礼堂
⑪ 祈福桥
⑫ 花卉山民居
⑬ 民风展览馆
⑭ 童趣园
⑮ 养老院
⑯ 中心公园
⑰ 污水处理池
⑱ 烧烤园
⑲ 景区入口

旅游产业提升

• 基础设施建设

 ①游客服务中心 　②生态停车场 　③标识标牌 　④环卫设施

• 旅游景观形象建设

①村口公园景观 　②新民居滨河景观带 　③景区入口广场 　④公共活动场地

 ①风情民宿区 　②特色商业街区 　③采摘观光园 　④民风展览馆

• 旅游服务设施建设

头陀镇溪上村乡村规划设计
——浙江省第三届"乡村规划与创意设计"竞赛

二、规划设计篇
1 规划结构分析图

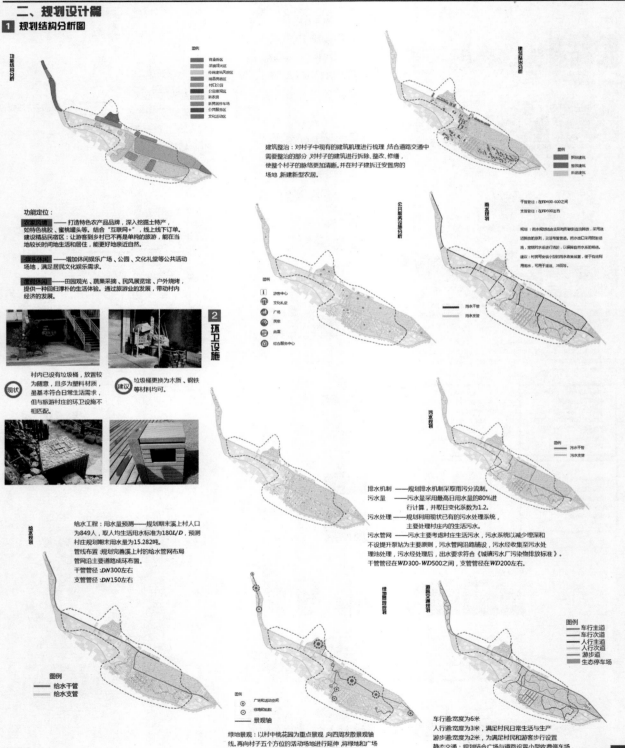

功能定位：

农家风情 ——打造特色农产品品牌，深入挖掘土特产，如特色桃胶、蜜桃罐头等。结合"互联网+"，线上线下订单。建设精品民宿区：让游客到村子已不再是单纯的旅游，能在当地较长时间地生活和居住，能更好地亲近自然。

娱乐休闲 ——增加休闲娱乐广场、公园、文化礼堂等公共活动场地，满足居民文化娱乐需求。

度假休闲 ——田园观光、蔬果采摘、民风展览馆、户外烧烤，提供一种回归淳朴的生活体验。通过旅游业的发展，带动村内经济的发展。

2 环卫设施

村内已设有垃圾桶，放置较为随意，且多为塑料材质，虽基本符合日常生活需求，但与旅游村庄的环卫设施不相匹配。

现状

建议 垃圾桶更换为木质、钢铁等材料均可。

给水工程： 用水量预测——规划期末溪上村人口为849人，取人均生活用水标准为180L/D，预测村庄规划期末用水量为15.282吨。

管线布置： 规划完善溪上村的给水管网布局，管网沿主要道路成环布置。
干管管径：DN300左右
支管管径：DN150左右

给水管干管
给水支管

建筑整治： 对村子中现有的建筑肌理进行梳理，结合道路交通中需要整治的部分，对村子的建筑进行拆除、整改、修缮，使整个村子的脉络更加清晰。并在村子附近安置房的场地，新建新型农居。

干管管径：在YD400-600之间
支管管径：在YD300左右

规划： 雨水收集结合实际地形制宜选择较低、采用就近快速的原则，灵活布置管线，排水口采用可控设施，定期对水量进行调配，以调配自然雨水的作用。

建议： 村民可安装小型泡沼污水收集装置，便于有效回用雨水，可用于灌溉、冲厕等。

排水机制 ——规划排水机制采取雨污分流制。
污水量 ——污水量采用最高日用水量的80%进行计算，并取日变化系数为1.2。
污水处理 ——规划利用现状已有的污水处理系统，主要处理村庄内的生活污水。

污水管网 ——污水主要考虑村庄生活污水，污水系统以减少埋深和不设提升泵站为主要原则，污水管网沿线布置，污水经收集至污水处理池处理，污水经处理后，出水要求符合《城镇污水厂污染物排放标准》。干管管径在WD300-WD500之间，支管管径在WD200左右。

污水干管
污水支管

绿地景观： 以村中桃花园为重点景观，向四周发散景观轴线。再向村子五个方位的活动场地进行延伸，将绿地和广场贯彻全村。保证了每一片区域范围内都有均衡景观。

广场和活动空间
绿地景观轴
景观轴

车行道：宽度为6米
人行道：宽度为3米，满足村民日常生活与生产
游步道：宽度为2米，为满足村民和游客步行设置
静态交通：规划结合广场与道路设置小型收费停车场，满足游客的停车需求。

车行主道
车行次道
人行主道
人行次道
游步道
生态停车场

3

头陀镇溪上村乡村规划设计
——浙江省第三届"乡村规划与创意设计"竞赛

三、建筑专项篇

1　建筑整治改造

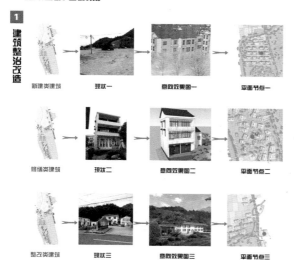

新建类建筑　　现状一　　意向效果图一　　平面节点一

修缮类建筑　　现状二　　意向效果图二　　平面节点二

整改类建筑　　现状三　　意向效果图三　　平面节点三

2　精品民宿设计

民宿效果图

东立面　　　西立面

南立面　　　北立面　　　剖面图

屋顶平面图　　　二层平面图

3　街边立面改造

街边立面效果图

店划线连接头陀镇和溪上村,且直通划岩山下,店划线一侧为沿街民居,有部分商铺,随着划岩山的陆续开发,越来越多的游客来游玩,将会带动店划线两侧经济发展,现规划将溪上村店划线一侧民居一楼整体改为沿街商铺。

一层平面图

民宿内部示意图

村内有现存20世纪70~80年代的老房子,或石质或木质,具有溪上村当地特色,现规划集体征用这些老房子改成精品特色民宿,为来溪上村和划岩山景区旅游的人群提供当地特色民宿服务。

4　新农居设计

技术经济指标
占地面积：27250平方米
建筑面积：14080平方米
屋顶面积：14560平方米
容积率：　51.2%
绿地率：　53.4%

标准平面图　1:100

A-A剖面　1:200

B-B剖面　1:200

北立面　1:200

南立面　1:200

西立面　1:200

新农居效果图

头陀镇溪上村乡村规划设计
——浙江省第三届"乡村规划与创意设计"竞赛

划岩山下 桃花溪上

鸟瞰效果图

四、景观生态篇

生态庭院

景观提升

合理排布绿化种植,整洁道路,丰富庭院景观

整治措施

改造提升后果

通过乔木与灌木的搭配种植与庭院小品、盆栽绿植的搭配,使得小村镇在改造小庭院的同时营造出一种亲近自然的气氛。

2 **铺装配置**

铺装示意图

溪上村地处山区,石料产量充足,当地多用石材铺路或建造房子,本次规划根据当地特色选择石质铺装建设景点、民宿、公园等。

3 **植物配置**

植物配置示意图

4 **材质配置**

外立面用当地特色不规则石材拼贴而成,具有当地特色。
该地域靠近溪流,内部铺装用防潮木地板。色泽方面靠近深色,更易接受。
外置石椅石桌,用大理石制作,色泽丰富。

内部洗浴间铺装采用规则瓷砖,简洁大方。颜色淡雅,给人干净的感受。

部分建筑采用仿石砖作为外墙装饰,符合当地石头特色,又能使外立面规整简洁。
部分建筑采用文化石作为装饰,既符合主题,又能有其余特色。

根据气候、土壤、建造成本等客观条件选择各类绿化效果好、花期长、病虫害少,相互间能共生共存的乔灌木和地被植物进行配置,达到改善生态环境,营造风格不同的园林景观的目的。同时因为桃花为当地特色,所以植物配置多采用桃花。

5

头陀镇溪上村乡村规划设计
——浙江省第三届"乡村规划与创意设计"竞赛

四、景观生态篇

5 污水治理

溪上村的水体部分污染严重，村中的污水得不到合理的处理。

水泥池的两侧安装着排污水的管道，方形的污水池通向污水处理厂，宽敞的污水处理系统起到通风透气的作用，能够避免污水带来的蚊虫聚集及恶臭的现象。

化粪池＋污水渗井

生活废水经过管道排入化粪池，厌氧发酵后的污水基本无害，排入下一步的渗漏管网里，向周围的自然土壤进行渗排。

化粪池＋渗排管网

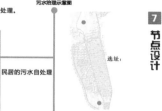

污水拾理示意图

选址

民居的污水自处理

村内污水的集中处理

污水处理厂示意图

7 节点设计

现状照片1　　改造效果图1

现状照片2　　改造效果图2

6 生态循环

花	花开	用于观赏
	花瓣	晒干，可以泡茶，制作花枕
桃树	果实 成熟	以划岩山为主题，将桃子进行包装，作为当地特产，进行买卖。
	溃落	较好的用于做水果罐头，烂掉的肉肉做肥料，桃核可以进行手工制作。
	桃胶 收集	用于美食，具有美容养颜的功效，作为特产之一。

2 花样美食 住

民宿是指利用自用住宅空闲房间，结合当地人文、自然景观、生态、环境资源及农林渔牧生产活动，以家庭副业方式经营，提供旅客乡野生活之住宿处所。潮流民宿：湖客，是精选后的民宿，具有品牌、管理、服务的特点。此定义完全诠释了民宿有别于旅馆或饭店的特质。民宿不同于传统的饭店旅馆，也许没有高级奢华的设施，但它能让人体验当地风情，感受民宿主人的热情与服务，并体验有别于以往的生活。因此蔚为流行，这股民宿旅游风潮（流行风）从一片原属于低度发展的行业中，创造出另一片欣欣向荣的景象，改写了旅游的形态。

溪上村地处划岩山景区，风景秀丽，环境清幽，民风淳朴，十分适合居住。村内有许多20世纪70～80年代的老房子，我们根据当地特色改造成精品民宿，提供给从城市来乡村旅游的人们居住，体会乡村风土人情。

五、旅游规划篇

1 花样美食 吃

一种食物代表一种文化，一种文化有着承载它的不同人群。黄岩的小吃也非常的有名，其中最有名有3种特色小吃：绿豆面碎、食饼筒、乌饭麻糍。

绿豆面碎：黄岩人喜欢绿豆面碎，这与黄岩西部盛产红薯不无关系，肥沃的山地使得这里的绿豆面口感非常好。而且绿豆面的配料丰富，制作精细，猪肉、鸡蛋等配料切得十分精细。在浅浅的斗笠细瓷碗，里盛上一碗绿豆面，再配上食饼筒或者馒头，就是一顿丰盛的早餐。

食饼筒：黄岩的食饼筒又称麦饼，在端午节的时候我们黄岩群众都吃麦饼而不是粽子。麦饼有两种：一种为用麦粉拌水搅韧，以手掌带匀后，摊成的薄薄麦饼，由于这食品做法简单味道独特，所以在端午节引出售麦饼的特别多。另一种是用糯米粉加水伴匀成块，用麦饼卷，一种圆形的木棍，搿成直径约25厘米的稍厚麦饼，再放到熬盘中熬熟，叫做"糯米麦饼"，由于此做法不便，所以市上出售少。

乌饭麻糍：四月初八，妇女采南烛叶浸汁和糯米作麻糍食。每年四月，家家户户便拿着做好的麻糍送给亲朋好友，以此增进彼此间的关系。为何要在四月初八吃乌饭麻糍呢？俗话说，"吃了乌饭糕，蚊子不会咬"，"山炒米糕"制成的乌饭麻糍食后即能驱蚊虫。而四月初八这天是牛生日，为感谢耕牛一年到头辛苦耕耘，而既然做了乌饭麻糍，人们自然也要同时犒劳一下自己啦。

景点介绍图

3 畅游溪上 玩

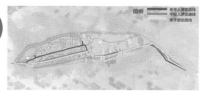

图例

赏鱼池：位于村口公园池塘内养有各种观赏鱼。
迎客塔：位于村口公园门角，塔高八层，高耸迎八方来客。
古樟长寿：在长寿庙内有一颗百年老樟树依然挺立。
桃花源：位于步行线一侧，全园满是桃树，开花时效果很好看。
棋坛风云：位于居民区为一村内景观节点，以棋为主题。
亲情乐园：位于桃花源一角，在这里游客可以亲手采桃、观赏水果。
游客中心：为游客提供各种服务，同时展示溪上村和划岩山风景区各处位置点。
民风展园：民风展览区，展示溪水村民俗风情。

体验田：为城市人群提供体验农活的平台。
祈福福墙：原所有在古福庙祈福的人福气满满。
中心公园：作为溪上村的中心公园为溪上村居民提供重要的休闲场所。
野外垂钓：位于溪边，为野外垂钓爱好者提供了好去处。
步行游道：在溪边有多端曲折的步行游道，为人民提供良好的休闲场所。
烧烤营地：在溪边地势平坦如开拓出一片滩涂。为游客提供餐饮服务，游客可以自己烧烤或野炊。

乡约黄岩
浙江省第三届黄岩杯大学生"乡村规划与创意设计"教学竞赛作品集

调研报告
INVESTIGATION REPORT

黄岩区宁溪镇白鹤岭下村调研报告

调研学生：金利、秦佳俊、沈文婧、姚海铭、杨名远、赵双阳

指导老师：陈玉娟、周骏、张善峰、龚强、武前波

调研时间：2016 年 7 月

1　村庄概况

1.1　区位概况

黄岩区位于浙江东海岸，宁溪镇位于黄岩区西部山区腹地，是台州市后花园，是西部山区六乡一镇的核心。

白鹤岭下位于黄岩区旅游精品线路中的重要节点。是西部山水生态旅游的开端，是黄岩西部乡镇重点规划的村镇节点。

白鹤岭下村隶属于宁溪镇，是宁溪镇入镇第一村。汽车 45 分钟达黄岩市区，通过小汽车加高铁的交通手段 3 小时可以到达杭绍宁都市圈。

1.2　道路交通

现状白鹤岭下村对外交通主要依靠村西侧的 325 省道（宁溪部分名为长决线），东北至黄岩、西南至宁溪镇区。

2017 年 11 月开通的 82 省道将大大缩短白鹤岭下至黄岩的距离，由原来的 45 分钟，缩短至半小时。

1.3　历史沿革

相传很久以前，一些白鹤、中华秋沙鸭、鹗等鸟类都喜欢在这里安营扎寨。每年，数以万计的白鹤在岭下村筑巢安家、繁衍生息，形成了极为罕见的白鹤聚集的奇观。"羽毛似雪无暇点，顾影秋池舞白云。"他们或恣意嬉戏，或盘旋号叫，那万鸟齐飞、竞翔天空的景象，可谓恢弘壮观。故岭下又名白鹤岭下。

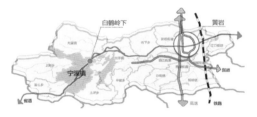

图 3-1-1　白鹤岭下交通区位

图 3-1-2　白鹤岭下旅游区位

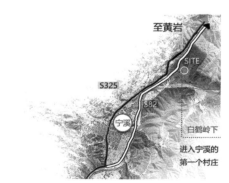

图 3-1-3　白鹤岭下道路交通情况

1912 年，民国始建，大量居民从福建、金华、台州三地迁移定居到白鹤岭下村。

1949 年，中华人民共和国始建。改革开放三十多年来，岭下人借着改革开放的春风，凭着吃苦耐劳的精神，走上"食用菌"种植脱贫致富之路。

20 世纪以来，中国城市化快速推进，大量农村人口朝城市涌入，白鹤岭下村也不例外，人口流失日益严重。

2014 年，黄岩区美丽乡村建设工作正式开展。

2016 年，黄岩区十三五规划提出白鹤岭下村为重点发展和保护乡村。岭下村修建文化礼堂，展览顾奕兴版画大师的作品，把版画作为村庄特色品牌。

2017 年全国大学生乡村规划与创意设计基地选址岭下，岭下迎来最大发展机遇。

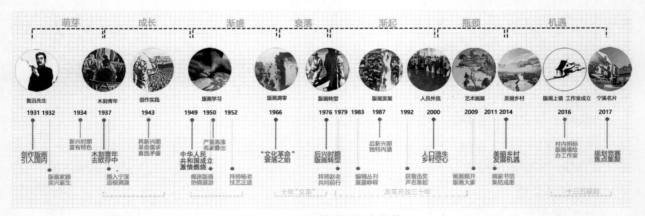

图 3-1-4　白鹤岭下历史沿革

1.4　人口概况

区域总面积 1.03 平方千米，其中山林面积 1164 亩，耕地面积 251 亩。总 213 户，640 人，村两委成员 7 人，村民代表 18 人，党员 22 人。流出人口主要去往台州市区、宁波。村民外出主要动因是求学、打工、创业、做生意……近年迎来新的一次回潮，回潮村民在村内基本有住房。

2　经济概况

2.1　第一产业

目前，村里种植"食用菌"的农户有 5 户，种类有蘑菇、香菇、金针菇、鸡脚菇、木耳等，供货量占宁溪市场的 65%。

主要的农作物有：水稻、小青菜、葱、蒜、豆、白萝卜、兰花豆、番薯等。经济林以果林（枇杷）为主，管理粗放，枇杷成果由企业统一收购加工，附加值低。

2.2 第二产业

村域内有一小型摇摆机厂、小型塑料厂，有村民在厂里打工，现已计划搬迁。

2.3 第三产业

并无服务业、成规模旅游发展，村庄现状第三产业发展不足。

2.4 土地权属

白鹤岭下村的土地均属于村民集体小组农民集体所有土地。

3 建成环境

3.1 土地利用

白鹤岭下村有三个自然村，分别为白鹤岭下村、裘呑村、新屋蒋村。

村庄建议设计范围249公顷，其中住宅用地5.95公顷，主要集中分布在三个居民点。

有少量农村公共服务设施用地、农村公共场地、农村商业服务设施用地。

存在问题：村内现状土地利用性质单一，主要是农林用地和居住用地，公共管理设施服务水平较低、居民缺乏公共活动的开敞空间。

白鹤岭下用地汇总表 表3-1-1

序号	用地代码		用地性质	用地面积（公顷）	比例
v	v1		村民住宅用地	5.95	83.00%
	v2		村庄公共服务用地	0.33	4.00%
	其中	v21	村庄公共服务设施用地	0.07	
		v22	村庄公共场地	0.26	
	v4		村庄基础设施用地	0.89	13.00%
	其中	v41	村庄道路用地	0.88	
		v43	村庄公用设施用地	0.01	
			村庄建设用地	7.17	
e	e1		水域	11.3	
	e2		农林用地	230	
			村庄建议规划范围	249	

3.2 基础设施

3.2.1 水

自来水由乡里供应，自来水入户达到了100%。

白鹤岭下村供水线路及设施统计情况

表3-1-2

管线名称	起止点	长度	管径	服务范围
白鹤岭下村	水厂	3500米	D110	白鹤岭下村

3.2.2 污水

白鹤岭下村尚缺污水管，为雨污合流制，缺少排水设施，主要为地面自由排放。部分村民家中有化粪池，采用生化自净法处理污水。

3.2.3 电

电源：黄岩区西部山区有一35kV宁溪变电站，服务五乡一镇，是白鹤岭下村的主供电源。

3.2.4 电信

电信设施：白鹤岭下村电话（手机）普及率已经达到99%，宽带入户达到70%，已经基本形成了信息传递方便快捷的生活环境。

邮政设施：村民一般去宁溪镇邮政所，位于宁川东路5号。占地面积500平方米，建筑面积220平方米，现有职工14人。经营主要业务有：出售邮票、信封，收寄挂号信、平信，收订报刊，投递包裹、特快专递、信函、报刊等。

3.2.5 燃气

白鹤岭下村尚未覆盖天然气管道，仍以装瓶液化石油气作为主要气源，部分家庭还保留着柴火作为能源的生活方式。

3.3 公共服务设施

公共服务设施主要有庙、文化礼堂、球场和公园、公厕。布置较集中，主要在白鹤岭下村。

公共服务设施数量不足，不能辐射整个居民点。小公园面积小、设施简单，基本只能满足休息聊天的需求，不能开展其他活动，人气低。

3.4 公共空间

村庄多狭长的开放空间、有围合关系的空间，公共空地利用率低，私人庭院路面硬化度较高。

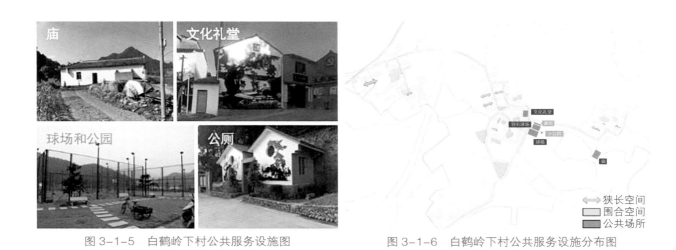

图 3-1-5　白鹤岭下村公共服务设施图　　　　图 3-1-6　白鹤岭下村公共服务设施分布图

3.5　民宅状况

　　受访村民均居住在宅基地自建的住房中，建成年代差异较大，平均建成 14.3 年，多建成于 2000-2010 年，部分二、三层建筑建造于 20 世纪 90 年代。村民的住房建筑面积集中在 50-200 平方米，为 3-5 层平顶或坡顶建筑。由于黄岩区丘陵山地众多，土地资源紧张，每户（三人及以下）宅基地均为 50 平方米。村内民宅多为一开间、高层数、大进深、联排式，村民希望有更好的户型布局，既满足政策要求，又能提高生活品质。

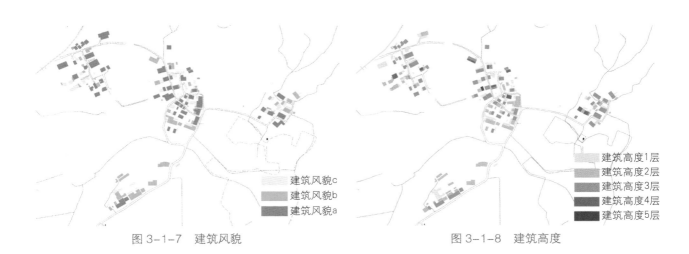

图 3-1-7　建筑风貌　　　　　　　　　　　　图 3-1-8　建筑高度

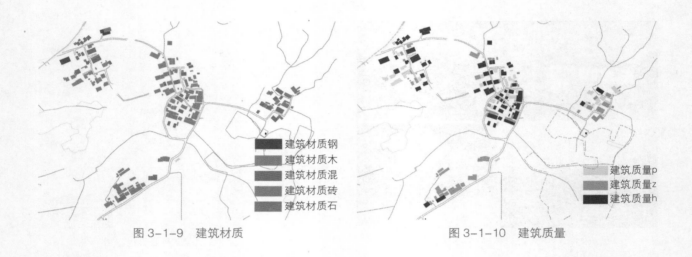

图 3-1-9　建筑材质　　　　　　　　　　　　图 3-1-10　建筑质量

4　社会概况

4.1　村民建成环境意愿

村民对目前的村庄建设情况和村容村貌基本比较满意，如若改进，可以让村庄风貌更为协调统一。将版画以更好更丰富的形式展现在村庄中。大部分的村民也愿意加入乡村建设中，前提是政府给予足够的支持和经济援助。

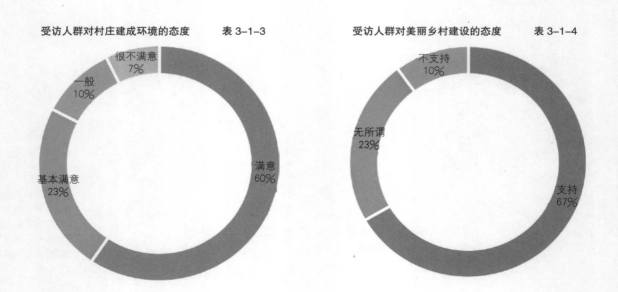

受访人群对村庄建成环境的态度　表 3-1-3　　　　受访人群对美丽乡村建设的态度　表 3-1-4

4.2　村民产业发展意愿

村民对目前白鹤岭下村的产业发展情况了解程度低，但随着黄岩区十三五规划的开展以及一村一品的建设，村民对乡村旅游等产业的发展持支持态度，但不知道从何种途径发展。村民认为白鹤是村庄中最具吸引力的特色，同时村庄还有很多非物质文化遗存，比如版画，基本认同白鹤岭下村的发展潜力。

4.3　村民迁建意愿

大部分老龄受访村民并没有迁出的打算和意愿，他们仍认为农村是最理想的居住地，有少量老人希望迁出和子女同住，而青壮年迁出意愿极强，一方面他们希望享受更好的公共服务，另一方面他们认为城市的工作待遇更好。

5　文化资源

5.1　物质文化遗产

白岩潭石拱桥，是一座悬空依山而筑的石拱桥。该桥结构简单，体量不大，始建于清代，于2013年列入第三批区（县）级文物保护单位名单。

悬空石拱桥位于岭下村北侧的白岩山麓中。桥呈南北走向，桥拱跨径11米，矢高5.36米，面宽2.7米。桥体拱圈由自然块石分节并列砌筑，桥面原有望柱、栏板建筑结构。该桥建造最早与桥上方的林荫小道有关。当时这条蜿蜒于山间的小路，只能行人过往，而轿、马车无法通行。为了便于畅通，在山崖之中砌筑了这座独特的石拱桥，成为古时候宁溪至黄岩的交通要道。现在桥南北两端尚存部分盘山小路遗迹。而桥所在的位置为白岩潭。且潭较深，后因地质地貌变化，潭被淤泥所填塞。另有一陆军中将墓在村域内。

5.2　非物质文化遗产

版画：村里有位版画大家顾奕兴，他是浙江省版画艺术的代表人物，随着宁溪镇镇域村庄建设，一村一品的挖掘，版画成了白鹤岭下为人熟知的文化名片。白鹤岭下有过新年张贴新年画的习俗，因一年更换，或谓张贴后可供一年欣赏之用，故称"年画"。

叹十声：旧时，每到春节小商贩卖木版年画时均会以唱小调的形式边唱边卖，以求有更好的销量，这种形式在一些地方被传承下来。

编织技艺：村民们选择自己编制灯笼等节庆用品来欢庆节日的到来。

图 3-1-11　白鹤岭下非物质文化遗产

5.3　历史建筑

顾奕兴旧居：建于 20 世纪 70-80 年代，是岭下庄村现存较早的建筑，墙体采用砖木的形式。

6　自然环境

6.1　水系状况

岭下溪、裘岙坑、灭螺增穿村而过，直奔长潭水库。岭下溪是白鹤岭下村最重要的引排渠道，由西向东穿越白鹤岭下村。裘岙坑、灭螺增是白鹤岭下的灌溉水系，均为自然堤岸，没有形成完整的水岸景观。白鹤岭下位于长潭水库上游的入库口，水质要求高，各项指标都需达到一级标准，现状白鹤岭下水质的总含氮和含磷量超标（属二级水质）。

6.2　地形特点

前有良田郁郁葱葱，后有柔极山连绵起伏。村庄农田大部分为基本保护农田。地势较低，特大台风季节有 64% 的农田将会被淹没。

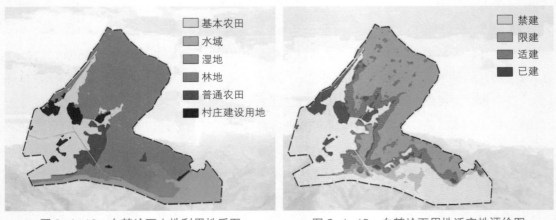

图 3-1-12　白鹤岭下土地利用性质图　　　　　图 3-1-13　白鹤岭下用地适宜性评价图

6.3　森林状况

岭下村域内植被属中亚热带常绿阔叶林北部亚地带，地带性植被类型为常绿阔叶林，以壳斗科的甜槠和山茶科的木荷为代表，伴以绵槠、青冈属、栲属、石栎、红楠、浙江楠、南酸枣、鹅耳枥、拟赤杨、山桐子、兰果树、青钱柳、光皮桦等。目前农田栽培型植被为各种水旱农作物。

6.4　特殊生境

岭下位于水库上游，水库候鸟经常会出现、聚集在岭下村。每年白鹤成群结队栖息在岭下村，造就了"柔极岭下白鹤村，纷至沓来观鹤人"的热闹景象。

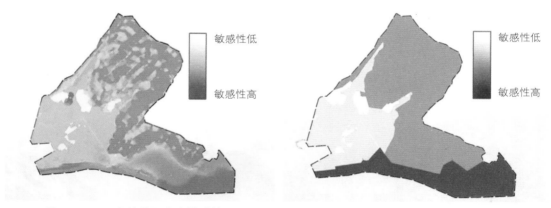

图3-1-14　白鹤岭下生态敏感性图　　　　图3-1-15　白鹤岭下白鹤栖息敏感性图

6.5　气候条件

白鹤岭下村属亚热带季风气候，受海洋性暖湿气团和台风影响强烈。温暖湿润，雨量充沛，四季分明。常年主导风向为东南风和东北风，夏秋之交多台风，台风袭击时伴有暴雨。

7　景观特色

7.1　山水田

岭下村所处区位山地资源丰富，山上有成型的自然生态体系和景观资源。但是结构较为混乱，大部分景观资源与村庄脱节，不能被充分的利用。

岭下村靠近长潭水库入口，在农田和水库交接区有大规模的湿地。在本次设计中可以考虑以下几种方法：①清理主要灌溉水渠；②恢复自然湿地，保证生态多样性；③修建栈道提供给人使用的活动空间。

村内农田根据地形大致可分为梯田和平地两种，目前大多处于荒废状态，对村庄的景观品质造成了较大影响。本设计可以在处理农田时利用以下方法：①理清农田肌理；②分块统一种植；③明确前景与背景关系。

7.2 边界

边界是连续性的线性要素，表现着乡村各个界面的不同，展示着多样化的乡村景观。将沿线的两个区域相互关联，衔接在一起。

白鹤岭下村的边界分为三大类型：山林边界、农田边界、道路边界。

7.3 节点

村庄现有主要公共空间节点为文化礼堂和小公园，村内老人多在此两处聚集休憩。村庄内公共节点缺乏。

7.4 路径

白鹤岭下主要包括以下几大路径：区域交通性82省道，南侧近江骑行村路，最具人气的是贯穿白鹤岭下核心村主要道路，在该路径上能看到居民生活活动，也能看到村庄版画上墙的风貌特色，是未来村庄可以主要打造的一条路径。

7.5 入口

现状白鹤岭下村没有明显的入口界定，缺乏入口标志物。

7.6 区域

根据自然条件看，道路水系将白鹤岭下村分为三大区块。根据村庄行政性质看，白鹤岭下村分为岭下村、裘岙、新屋蒋三大区块。根据景观风貌看，白鹤岭下村分为版画文化、农耕文化区、湿地白鹤文化区三大区块。

8 问题总结

8.1 人口

岭下村人口增长缓慢，人口老龄化程度较高。访谈得知，最近几十年随着台州、黄岩发展进程的加快，大量白鹤岭下村人口外流，而未来几年将会迎来第一波返乡潮。因此，可以考虑通过产业置换升级，吸引劳动力回流，避免乡村空心化。

8.2 交通

岭下村位于宁溪镇东北角，是由82省道进入宁溪的第一个村落，交通区位优良。

8.3　产业

白鹤岭下村耕地众多，但农业发展受到生态因素制约。未来可以考虑通过第一、第三产业结合发展的方法，打造白鹤岭下的乡村产业。

8.4　建成环境

村庄建筑基本为 1980–2010 年间建成的风貌混杂的建筑，由于建筑材料多为彩色瓷砖贴面，不锈钢防盗窗、扶手等，建筑立面不尽协调，影响村庄风貌的统一性。考虑利用村庄本土的建造技术和建筑形态的表达方式对混杂的村庄风貌进行统一。

8.5　村民意愿

白鹤岭下村村民对村中建设项目的参与度不高，村民希望村庄建设能给他们带来直接的收益和生活质量的改善。村民现有住宅都由村民自主建设，大部分村民对房屋内部的厕所、厨房进行了返修布置，基本能满足家庭的生活需求。

8.6　文化

随着宁溪镇镇域村庄建设，一村一品的挖掘，版画成了白鹤岭下为人熟知的文化名片。但是宁溪镇周围没有相关艺术承接产业发展的基础。

8.7　自然环境

白鹤岭下村自然环境优美，山水环绕，土地集约。三面环山，毗邻长潭，四分山林三分田，两分聚落一分水。水库湿地自然风光良好，平时也多水鸟栖息。

8.8　景观

村庄现有景观以田园村风貌为主，现状村庄建筑立面部分经过版画上墙工程改造，可以体现村庄的版画特色，但是村庄风貌还需进一步协调。村庄的田、鹤同样具有特色和吸引力，但是在景观风貌的建设方面还未体现。

9　发展方向分析

9.1　发展定位

以特色生态农业为发展基点，挖掘版画内涵，打响白鹤生态名片，把白鹤岭下村打造成展现黄岩西部乡村文化、生态、人居品质的窗口。

9.2　发展目标

陈田兴：陈田新耕，联创予民；白鹤归：育壤护泽，禾鹤共生；画中村：村中现画，画中现村。

9.3　产业策划

打造多元融合、活力岭下的产业机制，策划一产、三产共同促进发展的产业模式，同时通过控制净化农田面源污染解决产业限制。通过版画游览、农业科普、白鹤观测等要素的结合，打造白鹤岭下村。

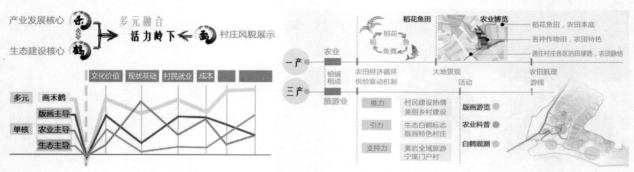

图 3-1-16　白鹤岭下村产业策划图

9.4　近期目标

通过水质净化湿地设计让受污染水流通过垂直流湿地和水平流湿地，经过净化植物和分层基质的共同作用达到水质净化的目的，符合一级入库水质标准，解决产业限制。

利用乡土植物打造景观环境，增加白鹤岭下的物种丰富度，完善白鹤食物链，为白鹤打造良好的生境。

改善各个组团的居住环境，通过庭院空间的设计、居住平面的改造设计……提高居民的生活品质，在组团、庭院、建筑平面等各方面满足居民需求，打造居于画中的美妙感受。

9.5　中远期目标

利用现状房屋质量不适宜人居住的建筑和周围拟搬迁的厂房旧址，改建成现代农业科普体验展示中心，提供丰富的公共活动空间。在大地景观中注入白鹤元素，以稻花鱼田为底，以农业科普为目的，通过不同本土植物的间植，打造禾鹤共生的场景。

利用乡村原生态的材料，构建白鹤小屋，基于活动影响最低的原则，通过打造白鹤走廊建立观鹤小屋节点，增加人和白鹤的互动。

在核心村重点打造一条街区，布置丰富的节点。通过深化版画在村庄的产业发展，拉长版画产业链，达到画中创的目的。人们可以在村域中游田、游鹤、游画。最终形成画中创、画中居、画中游的画中村——白鹤岭下村。

黄岩区上郑乡垟头庄村调研报告

调研学生：金利、何芊荟、姚海铭、李入凡、杨元奎、黄梦雅

指导老师：陈玉娟、周骏、张善峰、龚强

调研时间：2016 年 3 月

1　村庄概况

1.1　区位概况

黄岩区位于浙江东海岸，上郑乡位于黄岩区西部山区腹地，北靠仙居、西临永嘉、南近富山。垟头庄村隶属于上郑乡，是黄岩西部乡镇重点规划的村镇节点。汽车 1 小时可以到达黄岩市区，通过小汽车加高铁的交通手段 4 小时可以到达杭绍宁都市圈。

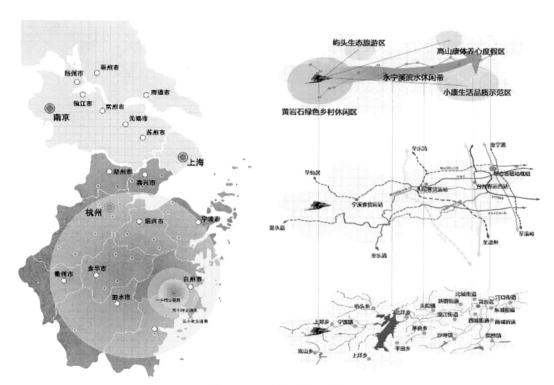

图 3-2-1　垟头庄村区位图

1.2　道路交通

垟头庄村对外交通主要依靠穿村而过的乡道，东至黄岩、西至永嘉。该乡道宽 6 米，长 1.7 千米。村内道路基本实现道路硬化，均采用水泥路面，路况良好。村内有一段古道保存良好，是清代黄永古道的重要部分。

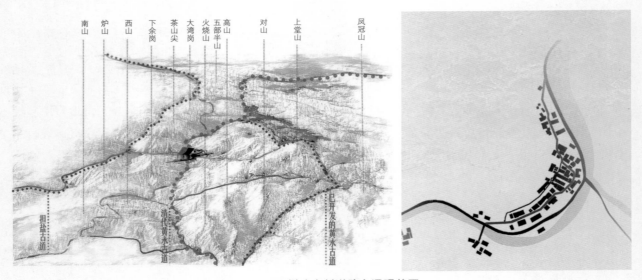

图 3-2-2　垟头庄村道路交通现状图

1.3　历史沿革

据传东晋时期，道家仙人王方平于弈棋岩与神仙下棋饮酒，那时的垟头庄村只是弈棋岩脚下的一个山野小村。

明末清初，从黄岩至永嘉的道路分为两支，均起于宁溪、终于永嘉，一支在凤冠山以北五部半山以南，一支在下余岗以南五部半山以北。垟头庄村前的小路便是清代黄永古道的一部分，人们纷至沓来，垟头庄村也开始卖起了酒。

1890 年垟头杰出人物徐元坤高中状元，后官至御史大夫。同一时期，垟头庄村的酒庄改良了醋烧的制作工艺，成为宁溪醋烧的起源之一。

1912 年大量居民从福建、金华、台州三地迁移定居到垟头庄村，人口的增长，也促使垟头庄村的酒文化发展到鼎盛时期。

1960 年代初，自然灾害期，古道消隐、酒业没落。

20 世纪以来，中国城市化快速推进，大量农村人口朝城市涌入，垟头庄村也不例外，人口流失日益严重。垟头庄村的古村风貌也日益衰败。

直到 2013 年，村民自筹自建、扩路修庙，群众保护建设村庄的积极性开始显现和提高。

2014 年，黄岩区美丽乡村建设工作正式开展。2016 年，黄岩区十三五规划提出垟头庄村为重点发展和保护乡村。

2017 年，四大名著影视基地选址垟头，垟头迎来最大发展机遇。

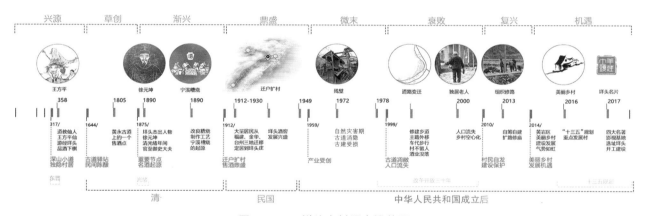

图 3-2-3　垟头庄村历史沿革图

2　经济概况

2.1　第一产业

种植有机蔬菜为主，但产量少，非销售功能，自给自足。主要的农作物有：水稻、小青菜、葱、蒜、豆、白萝卜、兰花豆、番薯等。

经济林以果林（枇杷）为主，管理粗放，枇杷成果由企业统一收购加工，附加值低。

2.2　第二产业

酿酒产业曾是村内的支柱产业，垟头庄村曾是清黄永古道上的两大酒庄之一。现今人口外流，残余酒窖，无人酿酒以为业。

2.3　第三产业

四大名著影视基地选址垟头，正在投入建设，预计在 2019-2020 年可以投入使用。影视基地占地328 亩，预计每年可以吸引 2 万 -5 万人次，垟头庄村作为景边村，未来第三产业的发展离不开影视基地。

2.4 土地权属

垟头庄村的土地均属于村民集体小组农民集体所有土地。影视基地所涉及土地，以每亩每年300元租给开发商。

3 建成环境

3.1 土地利用

垟头庄村有三个自然村，分别为垟头村、上垟村和斧头岩。全村占地共244.9公顷，现状耕地58.7公顷（880亩）。主要种植自给自足的瓜果蔬菜，曾有一紫苏药种植基地，但规模不大，现已不存。

其中住宅用地2.5公顷，主要集中分布在三个居民点。

公共场地、农村商业服务设施用地分别为垟头庄村村委、土地庙和电信餐饮零售营业点。

存在问题：村内现状土地利用性质单一，主要是农林用地和居住用地，公共管理设施服务水平较低、居民缺乏公共活动的开敞空间。

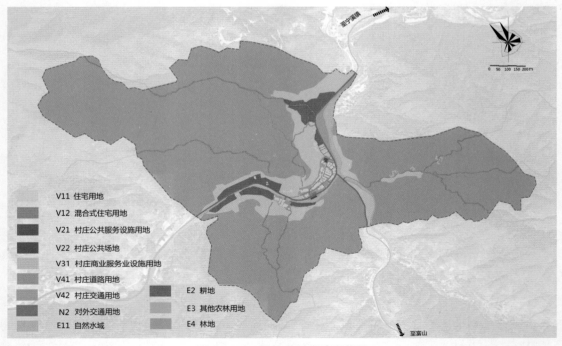

图 3-2-4 垟头庄村用地现状图

3.2 基础设施

3.2.1 水

自来水由乡里供应，自来水入户达到了100%。由于此地山泉溪水丰富，有些家庭也会收集山泉水、取井水作为备用水源。

垟头庄村供水线路及设施统计情况   表3-2-1

管线名称	起止点	长度	管径	服务范围
垟头庄村	水厂	3500米	D110	垟头庄村

3.2.2 污水

垟头庄村尚缺污水管，为雨污合流制，缺少排水设施，主要为地面自由排放。部分村民家中有化粪池，采用生化自净法处理污水。

3.2.3 电

电源：黄岩区西部山区有一35kV宁溪变电站，服务五乡一镇，是垟头庄村的主供电源。

3.2.4 电信

电信设施：垟头庄村电话（手机）普及率已经达到99%，宽带入户达到50%，已经基本形成了信息传递方便快捷的生活环境。

邮政设施：村民一般去宁溪镇邮政所，位于宁川东路5号。占地面积500平方米，建筑面积220平方米，现有职工14人。经营主要业务有：出售邮票、信封，收寄挂号信、平信，收订报刊，投递包裹、特快专递、信函、报刊等。

3.2.5 燃气

垟头庄村尚未覆盖天然气管道，仍以装瓶液化石油气作为主要气源，部分家庭还保留着柴火作为能源的生活方式。

3.3 公共服务设施

村委大楼：于黄岩溪和乡道之间，正在施工建设一村委大楼。在大楼内设置了老年活动中心、医务室、村委、文化站、图书阅览室、棋牌室、综合活动室。

公交：村域内有一处公交站，垟头庄站。有一班次车861c经停。是宁溪镇开往李家山方向的公交车。

3.4 民宅状况

受访村民均居住在宅基地自建的住房中，建成年代差异较大，平均建成18.6年，多建成于2000-

2010年，部分二、三层建筑建造于20世纪90年代，部分建筑质量较差的平房建造于20世纪70-80年代。村民的住房建筑面积集中在50-200平方米，为3-5层平顶或坡顶建筑。由于黄岩区丘陵山地众多，土地资源紧张，每户（三人及以下）宅基地均为50平方米。村内民宅多为一开间、高层数、大进深、联排式，村民希望有更好的户型布局，既满足政策要求，又能提高生活品质。

图 3-2-5　垟头庄村民宅现状图

4　社会概况

4.1　村民建成环境意愿

村民对目前的村庄建设情况和村容村貌基本比较满意，如若改进，可以让村庄风貌更为协调统一，大部分的村民也愿意加入乡村建设中，前提是政府给予足够的支持和经济援助，或者有开发商主持注资。

4.2　村民产业发展意愿

村民对目前垟头庄村的产业发展情况了解程度低，但随着黄岩区十三五规划的开展以及影视基地的建设，村民对乡村旅游等产业的发展持支持态度，但不知道从何种途径发展。村民认为古道是村庄中保护最好的历史遗存，同时村庄还有很多历史建筑和历史悠久的酒产业文化，基本认同垟头庄村的发展潜力。

4.3　村民迁建意愿

大部分老龄受访村民并没有迁出的打算和意愿，他们仍认为农村是最理想的居住地，有少量老人希望迁出和子女同住，而青壮年迁出意愿极强，一方面他们希望享受更好的公共服务，另一方面他们

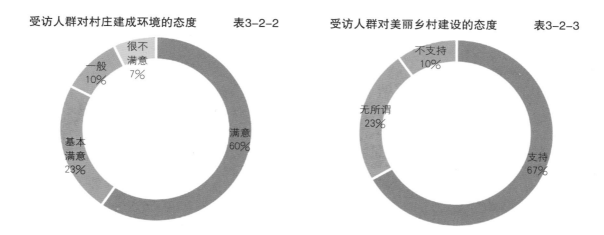

受访人群对村庄建成环境的态度   表3-2-2

很不满意 7%
一般 10%
基本满意 23%
满意 60%

受访人群对美丽乡村建设的态度   表3-2-3

不支持 10%
无所谓 23%
支持 67%

认为城市的工作待遇更好。房屋质量不好的家庭和位于地质灾害点的家庭，迁建意愿强烈，他们认为迁建可以快速提高他们的生活质量。

5 文化资源

5.1 物质文化遗产

垟头庄村内现有古树六棵，均为省二级或三级保护古树名木，其中四棵南方红豆杉，两棵苦槠，相对集中在一处，其中四棵古树所在之处的原本的房屋已被拆除，一棵南方红豆杉则仍在一户村民的院落内。

村内有古道穿村而过，一百六十多年前曾修缮，经过岁月的打磨保存完好。

5.2 非物质文化遗产

垟头庄村是清代黄永古道上的两大售酒村庄之一。古时山区人民进进出出全靠两只脚，走累了就喜欢坐下来歇歇脚、喝喝小酒，垟头庄村的特色产业应运而生，而随着垟头庄村人口外流、古道没落等原因，这一非物质文化遗产的保护也面临困境。

粮食生产 ──→ 入窖 ──→ 制曲 ──→ 起窖 ──→ 拌料 ──→ 蒸馏 ──→ 勾兑 ──→ 装坛 ──→ 售酒

图 3-2-6 垟头庄村制酒过程图

5.3 传统街区

埕头庄村在清代黄永古道上，古道穿村而过，在村内保留完整，是一大可以开发的历史遗存。古道空间是线性的连续，在其中行走，你能看到埕头庄村的历史、埕头庄村的文脉、发生在埕头庄村的点点滴滴，尝着小酒，勾起人的乡愁。规划尝试通过空间营造、地面修复、路段拓宽、水渠连通等手段，达到改善古道空间的目的。

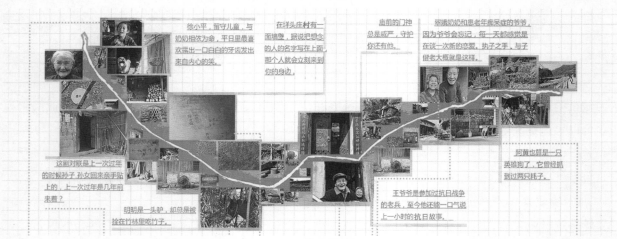

图 3-2-7 埕头庄村居民生活示意图

5.4 历史建筑

地主房：地主房建于 20 世纪 70-80 年代，是埕头庄村现存最早的建筑，墙体采用一层石头二层砖的形式，窗户形式也与其他建筑不同。墙壁填砂防盗，楼板隔离等也较有特色。

图 3-2-8 埕头庄村历史建筑

酒厂：酒厂与古道是紧密联系在一起的，过去不知有多少旅人在沿古道而行的时候喝过此处的酒。酒厂的复兴会令古道更加完整。酒厂的酒坛子如今散播在垟头庄村的角角落落，酒厂的招牌仍在其位。

庙：垟头庄村的庙虽经历过数次翻修，但其整体仍保留了农村庙宇的风貌，沿用至今，日常也有人供奉香烛，且其中的戏台仍然能够承担起唱戏的任务。庙朝南一面为神位，东西两面为看台和过道，朝北一面为戏台，庙中甚至还有专门的后台供表演使用。"黄岩圣石卧旖旎山脉绕垟头，狮虎脚掌踏永宁江畔列神旗"。

6　自然环境

6.1　水系状况

垟头庄村村域内有黄岩溪穿村而过，该溪是石板溪，因该种溪河床是一块完整的岩石而得名。黄岩溪是垟头庄村最重要的引排渠道，由西向东穿越垟头庄村，全长 1.7 千米。石板溪北侧有护坡，仅有几盆盆景摆饰，南侧为自然堤岸，没有形成完整的水岸景观。黄岩溪水质达到《地表水环境质量标准》GB 3838-2002 I 类标准。

6.2　地形特点

九山半水半分田，垟头庄村域范围内山林资源丰富。21.1% 的土地建设难度小，多为地势平坦的平地。58.5% 的土地建设难度适中，多为低丘缓坡。20.4% 的土地建设难度较大，坡度较大。

6.3　森林状况

垟头庄村域内植被属中亚热带常绿阔叶林北部亚地带，地带性植被类型为常绿阔叶林，以壳斗科的甜槠和山茶科的木荷为代表，伴以绵槠、青冈属、栲属、石栎、红楠、浙江楠、南酸枣、鹅耳枥、拟赤杨、山桐子、兰果树、青钱柳、光皮桦等。目前农田栽培型植被为各种水旱农作物。

■建设难度大
□建设难度适中
■建设难度小

建设难度分析图

图 3-2-9　垟头庄村用地适宜性图

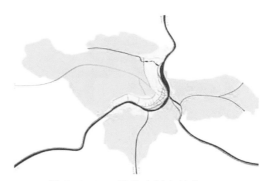

图 3-2-10　垟头庄村森林状况图

6.4　气候条件

垟头庄村属亚热带季风气候，受海洋性暖湿气团和台风影响强烈。温暖湿润，雨量充沛，四季分明。常年主导风向为东南风和东北风，夏秋之交多台风，台风袭击时伴有暴雨。

7　景观特色

7.1　山水田

垟头庄村所处区位山地资源丰富，山上有成型的自然生态体系和景观资源。但是结构较为混乱，大部分景观资源与村庄脱节，不能被充分的利用。本次设计应注意以下几点：①加强山与村庄的联系；②延伸山体景观利用范围；③激活山道所联系节点。考虑以村庄为中心向三个方向对山体的设计进行延展，互相形成对望关系。

垟头庄村域范围内由石板溪交织形成"人字形"。石板溪的河床是一整块巨石，极具特色。因此在本次设计中刻意针对石板溪作出了如下处理：①清理主要溪段河床，展现石板溪风貌；②恢复自然河岸，保证生态多样性；③修建步道提供给人使用的活动空间。垟头庄村的农田根据地形大致可分为梯田和平地两种，目前大多处于荒废状态，对村庄的景观品质造成了较大影响。本设计可以在处理农田时利用以下方法：①理清农田肌理；②分块统一种植；③明确前景与背景关系。

7.2　边界

边界是连续性的线性要素，表现着乡村各个界面的不同，展示着多样化的乡村景观。将沿线的两个区域相互关联，衔接在一起。

垟头庄村的边界分为三大类型：滨水边界、山林边界、梯田边界。村庄四面环山，而其南面与东面又临水，山脚开垦梯田，拥有良好的山水环境。

7.3　节点

村庄现有主要公共空间节点为庙和公交站亭，村内老人多在此两处聚集休憩。

新建村委大楼及"Y"形交叉口处的地主房为垟头庄村辨识度较高的标志物。

7.4　路径

乡道绕村东南而过，一条古道贯穿村庄，将散布村内的小道串联起来。

7.5　入口

现状垟头庄村没有明显的入口界定，缺乏入口标志物。

7.6　区域

垟头庄村由垟头庄、上垟、斧头岩三个自然村组成，并被道路水系分为三大区块。从景观风貌来看，垟头庄村可分为山林风貌区、古村风貌区、人文居住区及影视基地游览区四大片区。

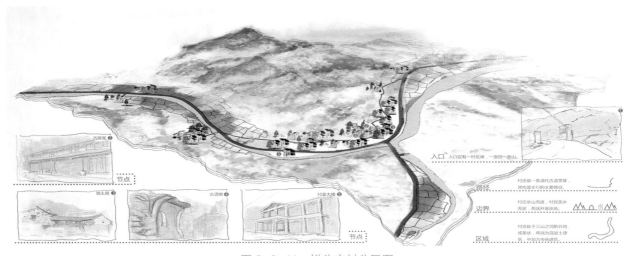

图 3-2-11　坺头庄村分区图

8　问题总结

8.1　人口

坺头庄村人口增长缓慢，人口老龄化程度较高。访谈得知，最近几十年随着台州、黄岩发展进程的加快，大量坺头庄村人口外流，而未来几年将会迎来第一波返乡潮，同时随着影视基地在坺头庄村建成，外流人口的回流趋势将更加明显。因此可以考虑通过产业置换升级，吸引劳动力回流，避免乡村空心化。

8.2　交通

坺头庄村位于黄岩区西部山区腹地，交通区位比较闭塞，未来影视基地建成将吸引大量人流，但是现状村庄交通状况无法支撑景边村的发展。缺少停车设施，村庄核心处的"Y"字交叉口交通压力过大。

8.3　产业

坺头庄村原有特色酒产业由于制作工艺繁琐、劳动力外流、区位制约因素等原因，发展停滞。现状村庄产业基础薄弱，缺乏产业带来的活力，不能满足景边村的需求。可以考虑挖掘酒产业的经济、文化等方面的发展潜力，打造一个有吸引力、有自我生长动力的景村。

8.4　建成环境

坺头庄村历史悠久，村庄的古村风貌保存不佳。村庄保留部分有价值的历史遗存，其他为1980–2010年间建成的风貌混杂的建筑，由于建筑材料多为彩色瓷砖贴面，不锈钢防盗窗、扶手等，建筑立面不尽协调，影响村庄风貌的统一性。考虑利用村庄本土的建造技术和建筑形态的表达方式对混杂的村庄风貌进行统一。

8.5 村民意愿

垟头庄村村民对村中建设项目的参与度不高，村民希望村庄建设能给他们带来直接的收益和生活质量的改善。村民现有住宅都由村民自主建设，大部分村民对房屋内部的厕所、厨房进行了返修布置，基本能满足家庭的生活需求。但斧头岩自然村的居住建筑质量较差，严重影响了村民对美好生活的追求。

8.6 文化

垟头庄村内古道贯穿，历史遗存处处可见，但其中的古村文化、古道文化、古酒文化正在慢慢消亡。急需寻找一种文化保护和建设的方法实现乡村的文化振兴。

8.7 自然环境

垟头庄村自然环境优美，山水环绕，土地集约。村域范围内 70% 以上为山林资源，但现状村庄和山林的关系疏远，可以考虑增加村庄和山林间的渗透关系。黄岩溪良流而过，同样可以考虑村庄和溪水的呼应关系，建立一个山—水—村—人的和谐状态。

8.8 景观

村庄现有景观以田园村风貌为主，没能体现村庄酒文化的特色。村庄现状肌理也不明确，可以利用古道这一历史遗存，深化古村保护和建设，以古道为核心、石板溪为轴，打造垟头村庄风貌。

9 发展方向分析

9.1 发展定位

以村内古酒文化为发展基点，依托影视基地，传承酒文化。活化梳理古道，展现垟头古村风貌。建设可居、可业、可游的美丽乡村。

9.2 发展目标

古酿香：古酿飘香，联创予民。古辙兴：循辙而忆，凭古而新。古村情：悠悠古韵，情长留人。

9.3 产业策划

对垟头庄村现存产业（农业、酒产业）和未来可能发展的产业（民宿、外景拍摄基地）进行评析，发现酿酒产业是最具有发展潜力的产业。规划拉长酒产业的产业链，改变单一的生产销售，深化到体验、休闲、服务。策划产业活动，在核心村布置各阶段的活动空间。

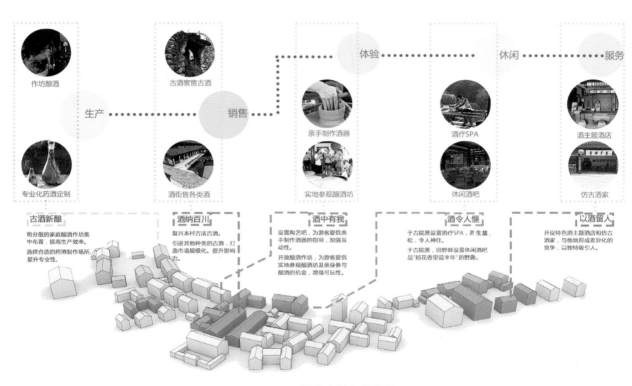

图 3-2-12　垟头庄村产业策划图

9.4　近期目标

景边村：依托影视基地的发展，承接影视基地的需求服务，例如饮食、住宿、休闲活动……为影视基地服务，借此提高村庄自身活力，完善各类基础设施，基本上形成可游、可居的村庄形态。

9.5　中远期目标

景中村：在承接影视基地产业发展的基础上，深化村庄酒产业的发展，打响自己村庄的品牌。从景边村向景中村转化，将古道、古酒、古村作为村庄名片，和影视基地一同对外吸引人流，形成自身活力，达到可居、可业、可游的村庄形态。实现"循辙拾古，酿香留人"的美好愿景。

黄岩区上郑乡大溪坑村调研报告

调研学生：秦佳俊、朱灵巧、沈文婧、陈晓旭、方俊航、戴翼翔

指导老师：陈玉娟、周骏、张善峰、龚强

调研时间：2016 年 3 月

1 村庄概况

1.1 区位概况

上郑乡位于台州市黄岩区西端。东与宁溪镇接壤，南靠富山乡，西与永嘉县毗邻，北与仙居县交界，距黄岩城区 44 千米，1.5 小时车程，乡域总面积 79 平方千米（不包括国营大寺基林场面积）。

大溪坑村位于上郑乡西端，东邻栗树坑村、干坑村、抱料村，南部西部与永嘉县接壤，北靠仙居县、大溪村，距上郑乡 10 千米左右，属于典型的山地村庄。

 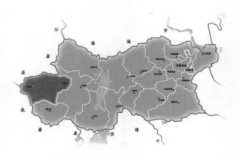 

图 3-3-1 大溪坑区位图

1.2 道路交通

大溪坑村位于交通十分发达的长三角地区，并正好处于温州市和台州市，细分为仙居、永嘉及黄岩三区的交汇地带。大溪坑村可借助其地理优势，发展道路与交通，扩大自身的影响力。

目前比较重要的高速有台金高速，贯通台州与金华；以及沈海高速及沿海高速等。104 国道和 82 省道是大溪坑村对外联系最主要的线路。

距离上郑乡约 13.6 千米，公交约 1.3 个小时，自驾约 30 分钟，

距离宁溪镇约 18.5 千米，公交约 1.5 个小时，自驾约 40 分钟，

距离黄岩城区约 56.8 千米，公交约 3.5 个小时，自驾约 90 分钟。

1.3　历史沿革

大溪坑村有丰富而独特的乡村民俗文化。村内有三大姓——廖、林、曾。其中廖式家族名人辈出，发展历史悠久绵长。

相传古时廖氏家族为躲避战乱从福建一带迁移于此，选择大溪坑世代而居，村里有流传已久的"知天树"以及"三将军和三英雄"的传说，同时各种诗词歌谣也在不断传唱着。由于气候环境的特殊性以及山区石头资源的丰富性，使大溪坑形成了独特的石头建筑风貌，目前仍保存完好，并处处可见旧时古道的痕迹。大溪坑村拥有独特的祭祀方式，在院子东边设置小型祠堂，以及在石壁上、石墙上、石缝中甚至河道的石头上完成一些简单的祭祀行为。在冬天，村里老人非常喜欢烧炭取暖，围在一起拉家常，加之石头建筑特有的冬暖夏凉的功能，室外冰天雪地，室内却温暖如春。

1.4　人口概况

大溪坑村下辖3个自然村，分别为廖家村、大溪坑村和白岩岗村，2016年底总人口268人，共200户，其中白岩岗自然村124人，35户，大溪坑自然村150人，45户。在上郑乡村庄居民点规模等级表中根据现状人口规模将大溪坑村定为四级。根据《上郑乡规划说明》，大溪坑村被定位为基层村。村庄内老龄化严重，青壮年劳动力严重外流，空巢现象显著。一般青壮年带着妻子和小孩在黄岩区买房、就业，也便于孩子上学。老人长寿，身体健康，思路敏捷。

2　经济概况

2.1　第一产业

①村民自主种植水稻、地瓜、萝卜、土豆等农作物，自给自足，不外销。②该村附近的龙乾春茶叶闻名，但该村目前没有茶园。③由于流经村庄的小溪最终汇入长潭水库，出于对市民用水安全的考虑，对水源地的家禽养殖有着严格的要求，限制大规模的家禽养殖地。

2.2　第二产业

村内无企业、无工厂，二产空白。

2.3　第三产业

①外人私人承包集体土地建造股份制风力发电站，每年村里拥有4万元左右收入，分给村民。②村民个人流转土地给村干部，在现有梯田上种植着猕猴桃果树，形成猕猴桃采摘体验，然而规模不大，不足以形成具有吸引力的规模。③大溪坑村有一所小卖部。

2.4　土地权属

村民个人流转土地给村干部，在现有梯田上种植着猕猴桃果树，形成猕猴桃采摘体验。

3 建成环境

3.1 土地利用

大溪坑村现状建设用地面积 1.362 公顷，人均建设用地面积 123.82 平方米／人。建筑用地较少，沿山或沿河而建，且基本为居住用地，公共用地少。山区和林区用地约 8 千多亩，田地约 136 亩，其中种农作物的田地约 36 亩，果林约 100 亩。

现状建设用地以山区和林区所占比例最大，达 80.51%，村庄自然条件优越，但开发建设的局限性也较大。村民住宅用地所占比例达 68.72%。由于村内居住建筑多为 1-3 层，部分还拥有不小的庭院，整体宅基地占地面积大。村庄公共服务设施和基础设施用地偏少，仅占到建设用地的 0.15%，有待进一步完善和提高。

3.2 基础设施

教育：在宁溪镇上，非常不便。但村里也几乎没有小孩子，学龄孩子都被父母接去外面上学。

医疗：在宁溪镇上，非常不便。好在这里空气好，生病的人少。但是一旦发生意外如摔伤等，这里的人又少有车，求医十分不便。

菜市场：没有，买菜要坐公交去宁溪镇，很不方便。有人会骑着车拖着菜来卖，但是频率不高。

公交站：最近的公交站点要步行 40 分钟，十分不便。

娱乐休闲：只能村里的人互相唠嗑。

商业：只村口一家小卖部又小又不全。但也是村里主要的闲聊场所之一（天气不好时）。

用电用水：还算方便。自来水和国家电网。水费不要钱，电费是要的。

公厕：与村庄整体建筑风貌不搭，破坏景观。设计不完善，开窗位置欠考虑。卫生条件有待改善。废弃茅坑，一定要清理，或者改造成其他作用。

垃圾：垃圾集中处理点（水泥砌成的方形围合空间）沿主要道路分布 1-2 个。垃圾箱（分为可回收和不可回收）有 1-2 个；垃圾桶（可移动）1-2 个。

3.3 公交服务设施

步行至最近的公交站需要 30 分钟，开往宁溪镇需要 2 个小时。

3.4 村庄绿化

大溪坑的山水格局大致呈现为九山半水半分田的基本态势。居民点四面环山，中有一水贯穿而过，拥有少量基本农田，维持村内农民的基本生活。

村域内包含国有林场——大寺基林场，它也是黄岩区海拔制高点；同时黄岩区的母亲河永宁江的

图 3-3-2　大溪坑基础设施现状图

上游段黄岩溪发源于此，山水资源极为丰富。大溪坑村域内山峦起伏、山峰林立，千米以上的山峰有大寺尖、白峰尖、大孔山等。大寺基国有林场配备有东亚山庄和特色茶园。

3.5　开放空间

大溪坑村主要的开放空间是坡边的桥头，冬天老人们点起柴火，围坐在一起聊天，这里是村里少数的开放空间。

3.6　民宅状况

根据建筑形体组合变化，布置形式，与周围环境、地势（山势）的结合关系等，可以大致将建筑风貌分为三大类：

一类风貌建筑（协调）：指保存较好的历史建筑，建筑格局完整，构建基本完好而风貌犹存，比较能代表地方传统建筑的特色，村内保存较好的木结构和石结构民居建筑。

二类风貌建筑（基本协调）：包括两种建筑，一种是建筑形式基本保留，但建筑构件破损严重或者后期发生了不当改造，已严重影响了原有传统建筑风貌的完整性；一种是指非传统风貌的非历史建筑，但在整体环境中显得不突出，可采用立面整修的办法加以改造使之与历史风貌相协调。

三类风貌建筑（不协调）：与传统风貌极不协调且在历史环境中显得突出的建筑。

图 3-3-3　大溪坑建筑风貌图

4   社会概况

4.1   村庄管理机制

村庄由村委干部领导，核心成员有村主任、村支部书记。此外村民间靠村里的三大姓氏宗族为纽带联系在一起。

4.2   村民建成环境意愿

村民希望把一些破败的房子修缮一下，让大家都能够住得舒适温暖，希望建成的环境能够吸引许多周边城市的人来游玩，能够把村里美丽的山河江湖作出名声，希望能够把大溪坑村建成一个交通便利、风景优美、游客众多的美丽乡村。

4.3   村民产业发展意愿

村民们年纪大了种不动地了，但是愿意发展旅游、愿意搞农家乐、愿意搞民宿，能够找点事情做，挣一点小钱，能够带动这里落后的发展。对于现在集体土地流转的猕猴桃种植采摘园村民们表示，希望能弄好。

4.4   村民迁建意愿

村民们认为现在住的都是老宅地推到了重建可以，但是不能拆了让他们搬到别处去。另一部分村民认为，他们是愿意迁到白岩岗自然村的，可以把他们的老房子流转出来，修缮出租做民宿或者农家乐。村主任和村支书表示，会全心全意做群众的思想工作，希望将村庄越做越好。

5   文化资源

5.1   物质文化遗产

廖家族谱，在廖家的族谱中，曾出现了丞相、御史大夫、百夫长等官职，可见家族历史十分悠久，并有过一段辉煌的经历。

古木，在大溪坑的村口，有六棵挂了牌的古木，平均年龄150岁，最年老的一棵是已经经历了三百年风雨的南方红豆杉，全浙江省仅有两棵，它是村庄历史的见证者，并和其他古树一起守卫着这个祥和宁静的村庄。

5.2   非物质文化遗产

青龙传说：据说在很久以前，大寺基山上有一座名闻三县、气势宏伟的寺院叫万福寺，有千余僧人，寺院旁有一深不可测的龙潭，终年云雾喷薄，潭中居有一条已修炼千年道行的大青龙，也是有求必应、求雨必灵。一天，有一僧人不知为何惹怒了大青龙，它把尾巴轻轻一扫，把千年的万福寺夷为平地，仅存寺基，故称大寺基。

独特的祭祀习惯：或许是因为大溪坑是一个山村，这里拥有最多的就是岩石，因此村民们将石头视为保护神，不仅在搭建房屋时将它作为基本材料，在祭祀时更是有石的地方就有各种各样的小小祭祀台。

5.3　历史建筑

村里存在几栋保存较好的历史建筑，建筑格局完整，构建基本完好而且风貌犹存，能够代表地方传统建筑的特色。

6　自然环境

6.1　水系状况

黄岩区的母亲河永宁江的源头即为黄岩溪，发源于大溪坑村域内的海拔制高点——大寺尖，由多条支流汇聚而成，汇水面积大而广，对于源头的保护是村庄规划的重点之一。

6.2　地形特点

大溪坑村域内的山体主要属于台州、温州交界的括苍山余脉，山势巍峨，地势陡峻，乱石林立，植被茂密，居民点前后覆山、中间穿水，山势高耸坡度大。

6.3　森林状况

拥有丰富的森林资源，全区森林覆盖率70%。大寺基林场面积2.4万亩，蓄积木材12余万平方米。植物资源有针叶林、阔叶林、混交林、竹林、矮林灌丛等40多科700多种，花卉品种145种，药材近百种。

6.4　气候条件

大溪坑村气候温和湿润，雨量充沛，光照适宜四季分明，属亚热带季风气候。全区多年平均气温为17℃，以1月份最冷，其多年平均气温为6℃。

6.5　特殊生境

大溪坑村生物环境优美，大寺基林场里拥有完整的生态循环，众多动植物物种丰富，穿村而过的永宁江江水里生物丰富，每年众多鱼类洄游产卵，每逢大雨，溪流湍急，生物活动频繁。

7　景观特色

7.1　面域

村庄南部区域主要是山坡景观和以永宁溪为核心的景观空间，大溪坑村的山水格局大致呈现为九山半水半分田的基本态势。居民点四面环山，中有一水贯穿而过，拥有少量基本农田，维持村内农民的基本生活。

7.2 边界

村庄有南侧生态景观界面，东侧山坡居住界面，西侧人居界面。各个边界均是自然形成的边界。背靠山脚，面临溪水，村庄边界自然风景与村居融为一体，模糊的边界线使村子拥有山水画般的意境。

7.3 节点

村庄主要的景观节点是山坡下的桥头，在这里能够看到村庄许多景观，包括六棵古树、猴欢喜、山上的植被景观等。此处也是村民聚集活动的场所，严冬在此处围火闲聊，夏夜在此处乘凉休憩。村民用简陋的石条和家中搬来的椅子，使这一小块空地充满了人气。

7.4 标志物

村庄的景观标志物是浙江省仅有两棵的百年古树猴欢喜，以此树为标志，是进入廖家村和前门山的节点。山路几折，过弯处忽见大树把关，便进村了。村民相信大树犹如将军镇守，锁住了村里的风水，保佑村子风调雨顺、安静祥和。

7.5 道路

村庄只有一条穿村而过的道路，往东通宁溪镇，向西去上郑乡水库，步行一段可达东亚山庄。道路沿溪水而生，由于地形起伏几经弯折，两侧景观也随溪面宽窄多有变化，是登山游人的必经之路。

8 问题总结

8.1 人口

以学龄前儿童和65岁以上为主要人群，15–45岁青壮年几乎没有。①村庄内老龄化严重，青壮年劳动力严重外流，空巢现象显著。一般青壮年会带着妻子和小孩在黄岩区买房、就业，也便于孩子上学，将老人留在村内，只有过年、过节才会回到村内。②老人普遍80岁以上，比较长寿，且身体健康、行动能力好、思路敏捷。

8.2 交通

（1）距离上郑乡约13.6千米，公交约1.3个小时，自驾约30分钟；

（2）距离宁溪镇约18.5千米，公交约1.5个小时，自驾约40分钟；

（3）距离黄岩城区约56.8千米，公交约3.5个小时，自驾约1.5个小时。

大溪坑人口情况   表3-3-1

村内人口构成

村民基本情况

大溪坑村内以老人为主，老龄化现象较为突出。

■老年人 ■青年 ■儿童

地处偏远，需要通过高速、国道—省道—乡道才能到达。村内步行至最近的公交站需要 30 分钟，加上老年人腿脚不便需要更多的时间。

8.3　产业

产业基础十分薄弱，村民的主要收入来源为外人承包集体土地获得的分红、私人流转土地的利益和外出打工。以自给自足的小农经济模式为主。村民自主种植水稻、地瓜、萝卜、土豆等农作物，自给自足，不外销。村民个人流转土地给村干部，在现有梯田上种植着猕猴桃果树。村域内的龙乾春茶叶有限公司是一家私营公司，只涉及土地承包收入。

8.4　建成环境

村庄物质条件较为薄弱，只有一条进村的道路，对于很多村民来说自己的老房子大多破旧、年久失修，村庄的上坡石板路较为狭窄，大型工具无法出入。

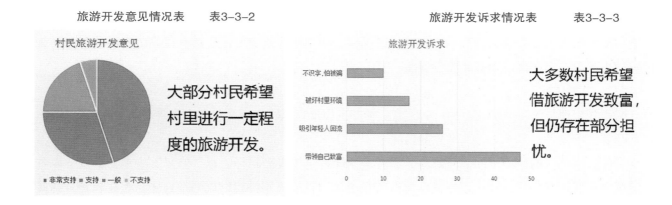

旅游开发意见情况表　　　表3-3-2　　　　　　　　　　旅游开发诉求情况表　　　表3-3-3

8.5　村民意愿

部分村民认为，不愿意把房子拆了让他们搬到别处去。另一部分村民认为，他们是愿意迁到白岩岗自然村的，可以把他们的老房子流转出来，修缮出租做民宿或者农家乐。村主任和村支书表示，会全心全意做群众的思想工作希望将村庄越做越好。

8.6　文化

在大溪坑村的村口，有六棵挂了牌的古木，平均年龄 150 岁，最年老的一棵是已经经历了三百年风雨的南方红豆杉，它是村庄历史的见证者，并和其他古树一起守卫着这个祥和宁静的村庄。廖家族谱记载，祖上曾是为了躲避战乱于明清时期搬来此处，概因这里地势险峻、交通闭塞，但是环境优美、适宜人居，颇有陶渊明笔下桃花源的风采，便在此定居下来。

8.7 自然环境

大溪坑村的山水格局大致呈现为九山半水半分田的基本态势。居民点四面环山，中有一水贯穿而过，拥有少量基本农田。自然环境脆弱，很容易遭受破坏，自我修复能力差。

8.8 景观

村庄部分景观遭受破坏，由于修路等工程造成山体滑坡，使得山上的植被被破坏，泥土裸露在空气中，永宁溪河岸长期缺少维护和景观营造，乱石成堆、植被杂乱。

9 发展方向分析

9.1 发展定位

《黄岩区国民经济和社会发展第十三个五年规划纲要》指出西部生态区要做美乡村，打造民宿经济发展圈。以环长潭水库为依托，以北洋镇联丰村、富山乡半山村为示范打造民宿经济发展圈。打造乡村旅游发展精品线，推动乡村旅游发展，打造环长潭湖生态农家休闲游。

在黄岩区十三五规划的指导和引领下，以民宿、精品游线路为方式打造乡村旅游发展的平台，大溪坑村为此打造高端民宿和精品旅游产品。

9.2 发展目标

挖掘并梳理与整合大溪坑村的特有元素。将特色山地民居，本土文化和山水景观等放大以及活化，使其既具乡土情怀，又不失隐逸文化的内涵。

实现大溪坑村的整体空间活化再生，以重塑空间特色为发展目标，以"修复"为主要手段，以各旅游景点为发展基础，并辅之以隐逸文化的特色主题，将大溪坑村建设成一个宜居、宜业、宜游的旅游型乡村。

9.3 产业策划

大溪坑村的地理位置优越，景观资源丰富，现有的景观资源需要整合，可以结合现有的水系、农田、古道、古石建筑打造隐逸文化旅游、农业体验、溯溪徒步、亲子旅游等旅游产业，使其切合隐逸文化旅游的主题。具体的游线、项目、旅游激活的方式是我们规划设计时需要着重考虑的。

9.4 近期目标

梳理和整合村庄现有的资源，建立完整连贯的道路体系和步行空间，完善村庄基础设施，包括公共厕所、垃圾处理、河岸处理、排水，以及地质灾害点的处理，使得人居环境有一个明显的提升、居住的质量有明显的上升，为后期旅游接待做好基础设施的保障工作。

根据现有的刚起步的猕猴桃采摘园，提供养护技术，做好自媒体的宣传，是大溪坑村转型旅游发展跟上政策红利的第一步，是为之后的民宿和旅游发展建设打响第一枪的重要的先行者。

9.5　中远目标

对于远期的大溪坑村，在发展当中务必要保护村庄的生态环境体系，修缮保护古石建筑，保护好村庄的自然环境和人文环境资源是吸引游客到来和打开大溪坑村全域旅游的关键核心，对于远期的大溪坑村，规划道路体系联结村域内景点资源，盘活东亚山庄度假区、大寺基林场、大寺尖第一峰等优质旅游资源，利用公路、缆车、骑行、溯溪、步行等多样不同的方式，并结合隐逸文化的特色主题，将大溪坑村建设成一个宜居、宜业、宜游的旅游型乡村。

乡约黄岩
浙江省第三届黄岩杯大学生"乡村规划与创意设计"教学竞赛作品集

黄岩乡建
RURAL CONSTRUCTION OF HUANGYAN

橘乡黄岩

黄岩乡建纪实

黄岩乡建案例

1　橘乡黄岩

1.1　黄岩初印象

黄岩自公元 675 年始设永宁县，已有 1300 多年建县历史；黄岩人文荟萃，自古有"小邹鲁"之美誉，史有"十八进士共一家"之盛；黄岩山水秀美，城区"一江三河"穿城而过、众山环绕，西部山区是台州城市的后花园和生态屏障；黄岩物产丰饶，以盛产"黄岩蜜橘"、"东魁杨梅"驰名中外；黄岩经济繁荣，被誉为中国模具之乡、中国工艺品之都、中国塑料日用品之都、国家火炬计划塑料模具产业基地、中国电动自行车及零部件产业基地等。

2016 年，黄岩实现地区生产总值 385.5 亿元，同比增长 7.5%。财政总收入和地方财政收入分别为 61.8 亿元和 37.11 亿元，同比增长 6.4%、10.4%。社会固定资产投资 180.8 亿元，同比增长 15.8%。城镇、农村常住居民人均可支配收入分别达到 47180 元和 23404 元，同比增长 9.6%、9.7%。产业结构进一步优化，一、二、三产比例由 2011 年的 5.1 ：53.4 ：41.5 调整为 2016 年的 4.7 ：46.2 ：49.1。

1.2　黄岩民营经济发达

改革开放以来，依托"两水一加"，大力推进工业化，在全国第一个颁发了保护和规范股份合作企业的政府文件，形成了模具制造、塑料制品、医药化工、机械电器、工艺礼品、摩托车及汽摩配件等六大支柱产业。被认定为中国模具之乡、中国工

图 4-1-1　台州市黄岩分区规划图

图 4-1-2　橘乡黄岩

图 4-1-3 黄岩模具小镇鸟瞰图

艺品之都、中国塑料日用品之都、国家火炬计划塑料模具产业基地等。

1.3 黄岩物产丰富

以盛产"黄岩蜜橘"驰名中外，早在 1700 年前的三国时代就开始种植柑橘，为世界宽皮橘始祖地之一，1996 年被命名为"中国蜜橘之乡"，2004 年黄岩蜜橘获国家原产地域产品保护。同时，黄岩还是"东魁杨梅"的始祖地，2001 年被命名为"中国杨梅之乡"。同时，黄岩还获得"中国茭白之乡"、"中国紫莳药之乡"的美誉等，可见其物产之丰富。

1.4 黄岩人文荟萃

曾产生"南宋第一相"杜范、诗人戴复古、文史学家陶宗仪等一批俊杰贤人。近代以来涌现了"两弹一星"功勋陈芳允、中国植物生理学创始人之一罗宗洛等 8 位黄岩籍"两院"院士。境内有九峰公园、委羽山中国道教"第二洞天"、翠屏山朱蠡讲学堂遗址和佛教日本曹洞宗祖庭瑞岩寺等名胜古迹。黄岩博物馆馆藏文物 8000 多件，其中国家一级文物 84 件，占全市拥有量的 90%。

2 黄岩乡建纪实

2.1 黄岩乡建成就

黄岩山水秀丽、生态宜居，素有台州市"后花园"美誉。近年来，黄岩区坚定不移走"绿水青山就是金山银山"的生态发展之路，创新开展以"中华橘源、山水黄岩"为主题的美丽乡村建设，全力打造有特色、可复制的美丽乡村建设"升级版"。正集中精力打造贯穿东部提升区—城区旅游区—中部工业小镇特色旅游区—西部山水特色旅游区的黄岩旅游轴线。

图 4-2-1 黄岩市区夜景

图 4-2-2 黄岩市区远眺

图 4-2-3 黄岩大瀑布

围绕"全域景区化"目标，实施"新乡土主义"建设理念，在 2014 年成功创建省级美丽乡村建设先进县，在此基础上，黄岩向着美丽乡村示范县的目标继续前进，实现村庄规划覆盖率 95% 以上，建成中国传统村落 2 个，省美丽宜居示范村 6 个、农房落地试点村 2 个、省级历史文化村落保护利用重点村 11 个、市级美丽乡村精品村 10 个。

2.2 黄岩乡建举措

2.2.1 借智借脑，不断提升村庄设计水平

（1）校地联动，集智描绘美丽乡村规划图。

做高起点规划，打造美丽乡村特色品牌。黄岩把提升乡村建设品质，作为打造"宜居黄岩"的总抓手。一是坚持校地合作，确保设计落地。黄岩区专门组建美丽乡村建设规划专家智库，使规划设计与实地建设紧密衔接，做到实时指导、实时修改，确保设计落地不走样。二是搭建合作平台，强化专业指导。对接浙江大学、同济大学、浙江工业大学、中国美院等高等院校资源。先后设立"同济大学美丽乡村规划教学实践基地"、"中德乡村规划联合研究中心"、"浙江工业大学传统村落校地合作基地"等合作平台。三是创新合作方式，实现协作共赢。依托高端院校智库资源，新组建同济大学"乡建学社"，浙江工业大学的"建工学院美丽人居培训基地"、"人文学院微电影创作基地"、"艺术学院乡村环境设计实践基地"，深化多领域合作、多学科融合、多团队协同的校地共建模式，实现产学研互利互补、协作共赢。四是借力赛

图 4-2-4 竞赛开幕式

图 4-2-5 学生调研

图 4-2-6 学生竞赛成果

图 4-2-7　乡村规划教学实践基地

图 4-2-8　中德乡村建设交流

图 4-2-9　杨教授指导村民

事平台，提升设计水平。区住建局与浙江工业大学小城镇城市化协同创新中心签订"浙江省第三届大学生乡村规划与创意设计竞赛"合作协议，选定 10 个村作为设计对象，邀请省内 8 所具有城乡规划、建筑学、风景园林、景观设计等专业的高校，12 支队伍参加比赛。拟借赛事平台，采用浙江省内众高校联盟、多专业协同设计竞赛的形式，让创意走出校园、走进农村。此外，今年黄岩还将举办全国第一届大学生乡村规划方案竞赛。

（2）强化风貌控制，引导"浙派民居"风格落地。

一是出台《长潭湖地区村庄建设风貌控制设计技术导则》。黄岩对西部农村传统建筑元素和景观资源特色进行归纳梳理和提取，编写形成村庄风格营造、村民建房主要建筑构件多款样式菜单，供村民建设选用，既保障村庄整体建筑风貌和谐统一，又充分凸显建筑个性，积极打造浙派民居示范工程。二是出台《长潭湖地区村庄建设风貌控制管理办法》，同步跟进保障措施，确保风貌控制落实到位。三是编印发放《黄岩区农房建设图集》和《台州市农房建设图集》，供村民免费使用。目前已出版 7 期，共计发放 1000 余本。同时，通过强化乡村建设规划许可管理，重点审查新建农房风貌，提高乡村建设管理精细化水平，着力形成"白墙黛瓦、绿树红花"、"小桥流水人家"的浙派民居风貌格局。

（3）及时归纳总结，形成指导实践的科学理论。

由同济大学城市规划系主任杨贵庆教授提出的"新乡土主义"，即"传统与现代相融合、文化与生活相融合、保护与发展相融合"的理念，自 2013 年起，始终贯穿黄岩整个乡建工作，成为黄岩区乡村设计、建设管理的思想总领。"新乡土主义"强调来源于地方特色和民俗风格的设计倾向，具体表现在建筑整体风格与当地风土环境的协调，建造传统工艺特色与现代技术的融合，承载了当代村民对现代生活的追求。同济大学根据黄岩实践范例，公开出版美丽乡村规划探索类书籍——《黄岩实践　美丽乡村规划建设探索》和历史文化村落再生探索书籍《乌岩古村　黄岩历史文化村落再生》，并作为同济大学规划教学培训教材使用，引起国内部分县市以及一些研究机构的关注和认可。《乡村人居——黄岩村镇风貌导则探索》也将于近期成稿出版。

2.2.2　健全机制夯实乡村长效管理能力

（1）提高审批效率。

2016年，黄岩区与区国土部协调，积极探索规划、用地审批"多证联办"，优化审批程序，一次性完成规划、用地、工程许可报批，在院桥镇试点，大大方便村民办事。同时，配合区行政服务中心，积极推进"互联网＋政务服务"、"一窗受理"、"最多跑一次"改革，强化政务服务网行政权力运行系统应用，将相关审批工作列入网上联动审批，目前已延伸至各乡镇直接上网受理，加快审批速度，让老百姓不出家门即可办事。

图 4-2-10　领导视察乡村建设情况

（2）突出分类指导。

黄岩地貌为"七山一水两分田"，东、中、西分别为平原、丘陵、山地，地域特征及经济社会发展水平各不相同。据此，黄岩实施分类指导、差异化管理。第一类，以改善当地居民当地居住环境为目的，重点推进基础设施和环境改善，和必要的公共配套设施建设；第二类，具备一定环境资源和农业产业基础的，可结合乡村旅游和休闲农业，适当投资公共服务及旅游配套、景观提升等。第三类，围绕吃、住、游、玩等项目，按照精品村或者精品小镇的标准投入，带动农户参与自主经营或者出租经营，实现村美人富。拟通过2017年县域乡村建设规划的编制，系统梳理乡村资源，统筹制定不同区域、不同类型村庄的建设目标，精准制定发展路径。

图 4-2-11　黄岩村镇文化礼堂方案评审地

（3）加强管理服务。

批后管理是控制新增违法建筑的关键环节和重中之重。黄岩通过逐步建立农房"四到场"制度，即建筑放样到场、基槽验线到场、施工过程到场和竣工验收到场，加强几个重要环节的控制，确保房屋建设不走样。同时，每年定期举办乡镇分管干部技术人员及创建村带头人的业务培训，加强基层乡建人才队伍建设。编制《黄岩区古建筑修复适用技术手册》，进一步归纳和推广古建筑可持续改造等方面技术。

2.2.3 全域统筹深度服务乡村持续发展

（1）点线面融合打造，谋划全域发展。

发展全域旅游，是黄岩谋求新经济增长点，实现二次飞跃的一次战略部署。近年来，在浙江省构建全域旅游的框架下，黄岩积极改善生态环境质量、提升城市形象、提高城市品位、打造生态宜居城市，启动实施"美丽经济、全域旅游"的规划建设部署。

图 4-2-12　学生竞赛成果　　　　　　图 4-2-13　黄岩骑行路线

一是抓好示范，以"点"带动。充分挖掘村落生态、人文、产业等历史积淀，着力打造"一村一品"。比如把乌岩头村建设成为"民国印象"主题体验式旅游特色村落；把半山村建设成为"仁山、智水、安居，生态休闲旅游基地"。二是突出重点，以"线"推动。以城区通向西部山区的82省道延伸线为"主轴线"，将宁溪绿道、北洋绿道等多条精品风景线串联，促成多个特色精品点聚合发展。重点围绕沿永宁江城市大客厅、环长潭湖城市后花园，实施黄岩西部美丽乡村风景区、中部农旅结合示范区、环长潭湖乡村休闲风情带等精品区块打造，推进环长潭景观通廊、永宁江绿道、"演太线"金廊工程、北洋农业特色观光区、橘源小镇、百丈休闲生态小镇、长潭水库入库溪流湿地化改造等项目实施，串联沿线特色精品村、历史文化村落、休闲农业体验综合体等美丽乡村资源，实现景观风貌"局部美化"与"整体和谐"的有机统一。三是扩大覆盖，全"面"铺开。根据"全域景区化"建设标准，以统筹推进澄江—

头陀"黄岩中部大农业"、屿头—宁溪"黄岩西部大景区"、沙埠—茅畲"黄岩南部大休闲"三大重点区块,实现生态环境、产业经济、传统文化"三位一体"发展。

目前,黄岩已经规划了两条旅游精品线,以点带面、以线串点,整合区域内的旅游资源,可称之为"两翼齐飞"。这两条精品线,一条为325省道沿线景区旅游线,位于黄岩区北侧,另一条为从院桥镇鉴洋湖湿地风景区到平田乡浙东十八潭景区的旅游线路,位于南侧。这两条线路,都从黄岩城区出发,最后在长潭水库区域实现交汇。

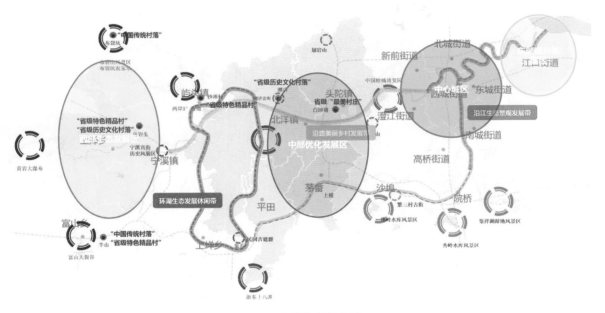

图 4-2-14　黄岩旅游精品线

（2）依托优势,大力发展"美丽经济"。

美丽乡村建设的最终发展目标是产业发展与农民增收,是为了提高人民群众的获得感,并且激发全社会参与,共建共享乡村发展红利。黄岩走休闲旅游、生态农业、电子商务"三位一体"的可持续发展之路,大力发展"美丽经济"。

一是发展生态农业。以美丽乡村为本底,以优良的生态环境为支撑,将农业发展与农业观光体验、农事文化感受结合,发展生态农业,打造了蓝美庄园大型农业休闲综合体、沙滩四季采摘园等一批示范项目。二是发展乡村旅游。以美丽乡村建设为抓手,以项目为支撑推进旅游景区、游客接待中心、生态停车场等配套设施建设，大力发展乡村旅游，累计培育省市级农家乐特色村（点）9个、民宿经营户86个。2016年实现生态旅游收入1.63亿元，已基本完成景区动态人口流量分析平台和景区监控平台建设。成功申报屿头乡国家4A级景区，富山乡半山村等16个村庄成功创建省景区村庄。三是发展电子商务。加速电子商务在农村的应用，在全市首创"农信e家"金融电商综合平台，搭建农村电商服务站100个，新前前洋、南城十里铺、沙埠唐山王被评为全国"淘宝村"。富山乡半山村首创村级项目"网络众筹众包"，募得资金近50万元。

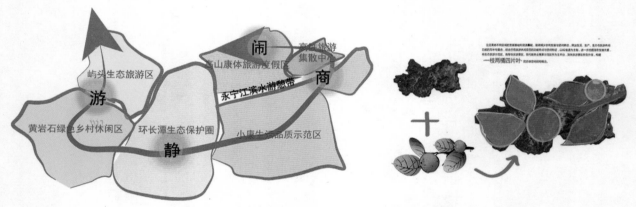

图 4-2-15　旅游业十三五规划：一枝、两橘、四片叶

　　（3）强化项目政策保障，确保要素到位。

　　一是加大资金投入。在确保区级整合资金与省财政专项资金达到2：1的基础上，筑渠引水，多元筹资，适时成立历史文化村落保护基金，撬动社会资本对历史文化村落进行保护性开发。研究出台必要的鼓励政策，引导挖掘"乡贤文化"和"宗亲关系"，鼓励民间杰出人士参与到对历史文化建筑的保护和开发上来。二是加强部门合作。将住建部门的传统村落、宜居示范村、农办的历史文化村落保护利用和文化部门的文物保护等项目，通过整合，统一包装为历史文化村落保护利用项目，实现共建共享、扩大影响。三是强化用地保障。探索历史文化村落用地保障政策，对划定的核心保护区，尝试制定特定的建设用地、宅基地与搬迁补偿政策，确保保护利用工作合法合规。

　　历年来，省市各级建设系统领导对黄岩区宜居乡村建设工作给予了大力支持在今后的工作中，恳请各级领导继续给予监督指导。黄岩将进一步总结经验，继续开拓创新，不断提升农房建设管理水平，努力打造"村新、业兴、景美、人和"的美丽宜居乡村。

2.3 小结——美丽乡村示范升级

近年来，黄岩区结合农村生活污水治理、"三改一拆"、"四边三化"、农房改造、农家文化礼堂等工作，大力推进古村落保护与利用，打造美丽乡村升级版。

目前，黄岩已开始根据各个古村落的不同气质，量身定制规划方案，在保护利用过程中，充分考虑各个村落不同的历史文化内涵、区位优势、居民影响力等因素，使每个古村落都各具特色。随着专业公司的介入，资金、技术和人才的引进，在全域旅游发展的带动下，可以预计，黄岩美丽乡村的示范升级将走上一条快车道。

3 黄岩乡建案例

3.1 宁溪镇上宅小街仿古小区——2015年度黄岩区农房设计落地试点村

3.1.1 规划

该小区位于黄岩区宁溪镇区，与南宋古街直街一衣带水，总用地面积为8.9万平方米，安排立地式住宅284间，容积率1.01，建筑密度25.6%，绿地率30%。小区结合自然地形地貌，利用水系进行组团区分，系统布置建筑群，打破单调的兵营式布局，平面错落有致、层次高低相间，同时通过滨水空间的营造、绿地空间的流动，合理留出绿地通道，配套设施完善，居住空间宜人。

图 4-3-1 方案评审现场

3.1.2 建筑

为了营造整洁大方的生活环境，同时体现对宁溪历史文化的传承，在建筑单体的造型和细部设计上，与直街历史风貌区相协调，将现代建筑风格和宁溪当地传统民居风格相结合，利用"白墙、青瓦、美人靠"等因素，突出"观景"主题，烘托出现代新农村建设的新气氛。建筑共有三种户型，二层、三层和四层混搭布置，一般一层建筑占地50平方米，考虑农民生活习惯，二层的建

图 4-3-2 上宅村安置建筑

筑适当加大占地面积，为60平方米。套内厅室面积搭配合理，"公私分离"、"居寝分离"，大大提高居住舒适度。

3.1.3 进度情况

宁溪镇上宅仿古小区一期建设工程共97间，于2014年开工建设，计划在2017年10月份安置到户，总投资2015万元，室外配套投资1100万元。由上宅村委会统一建设、统一分配，目前已完成主体工程，开始污水管网铺设等配套建设。

3.1.4 特色

一是采用统一的联建方式，手续统一办理，通过招投标统一由施工单位建设，监理专业管理，确保立面统一、质量稳定，确保农房设计真正落地，让老百姓省心省事；二是采用统一的仿古立面，树立了宁溪建筑风貌管控的标杆，并且能和宁溪直街修缮工程形成有机结合，成为宁溪镇打造"特色古镇、生态名镇、宜居城镇"的新名片；三是采用统一的节能环保产品，推动"绿色建筑"的发展，改善当地的人居环境。联建房统一安装平板式太阳能热水器，既美观大方，又节能环保。

3.2 头陀镇洪屿村百丈安置区——2016年度台州市农房设计落地试点村

3.2.1 规划

该小区位于黄岩区头陀镇洪屿村，距黄岩城区约10千米，总用地面积为12.17公顷，安排立地式住宅660间，容积率0.9，建筑密度25.6%，绿地率30%。规划空间环境运用轴线与对比手法，使集中绿地与组团绿地、宅前绿地形成连续的空间过渡，与住宅相互映衬，层次丰富。

3.2.2 建筑

建筑立面采用传统现代中式设计手法，结合当地文化氛围，采用白墙、青砖、黑瓦的基调，强调户型之间的自由组合，注重虚实对比与户型通透，丰富高低错落关系。适当运用金属构架、挑檐及遮阳，结合材料、色彩、凹凸、线条划分等造型因素，打造一个婉约舒适、清新淡雅、体现时代特点的现

图4-3-3 洪屿村与百丈安置区

代住宅形象。力图做到中式风格、现代演绎，形成具有当地特色的"浙派民居"风格建筑群，有利于农村文化内涵的积淀和传承。

3.3 乌岩头村——山居乌岩，悠然心远

乌岩头村地处黄岩西部重镇——宁溪镇西北角，村域面积1.48平方千米，村庄面积9.24公顷，耕地面积118亩，总人口285人。

落日西渐，暑热消退，乌岩头村笼罩在一片金色的光晕里。百余间清代古建筑错落有致，古道青石发亮，石拱桥爬满青苔。随便挑个房子走进去，里面是陶瓷作坊、是图书吧、是茶室，房前屋后，游客穿梭，工匠们小心翼翼地修缮故居，一派生机勃勃的景象。

乌岩头村内古建筑保留较为完整，有规模达110间的清代古建筑群，最老的房子有近300年的历史，保存相对较好的大四合院和村前古老的石拱桥交相辉映，形成了黄岩西部难得一见的古村景致。村内有建于三国吴赤乌二年的"演教寺"遗址，是台州建寺最早的九所寺院之一。为了保护好古村落格局风貌，又保证传统建筑使用安全，黄岩区与同济大学建立合作，双方协同进行乡村整治从规划到建设的理论研究和实践探索，依据历史遗存和现实状况，重新编制村庄规划，规划从产业经济、社会文化和空间环境"三位一体"的视角全方位定位村庄发展，结合实际将老村和新区独立成团，又互动发展，按照新时期"新乡土主义"的理念，提升村落及周边交通集散能力、视角美感与环境质量，形成独特的整体环境空间格局和形态风貌，打造以"民国印象、影视基地、艺术村落、休闲氧吧、节庆场所"为主题的体验式旅游，使之成为

图 4-3-4 乌岩头俯视图

图 4-3-5 乌岩头俯视图

图 4-3-6 乌岩头建筑

西部旅游的一个重要阵地。根据对乌岩头村历史文化村落再生的规划建造实践，同济大学编写了全国第一本历史文化村落再生探索类书籍——《乌岩头村　黄岩历史文化村落再生》，展示了乌岩头村改造建设的阶段性成果。

从一个偏僻的空心村，摇身一变为一个主题体验式旅游特色村落，乌岩头村只用了一年多的时间。古村落保护和利用工作是黄岩美丽乡村建设的金名片。乌岩头村的改变，只是黄岩古村落保护与利用的一个缩影。黄岩正在探索的，是一条极具推广价值的古村落活态再生新路子。

3.4　沙滩村——文化沙滩养生福地

沙滩村是屿头乡政府所在地，全村共有人口 1103 人。该村沿溪而建，村内沟渠纵横、流水潺潺，具有典型的江南水乡特色。沙滩老街长 300 余米，宽约 8 米，两旁店铺林立，是先前集镇的商业中心。村内的南宋古庙太尉殿，门前古樟参天，名闻浙东。作为同济大学"美丽乡村规划教学实践基地"和"中德乡村人居环境规划联合研究中心"落户村，沙滩村在"三适原则"（适合环境、适用技术、适宜人居）的指导下，对美丽乡村建设规划进行了理论探讨和实践研究。在村庄重建中，沙滩村充分利用 20 世纪 60-70 年代集体建筑和用地，结合小城镇环境综合整治工作，通过建筑立面改造、内部修缮、新功能植入和景观环境布置等环节，把废弃建筑和土地资源转化为"美丽乡村"规划建设发展的重要契机，体现节能、省地的可持续发展思想，为民生建设提供了广阔天地。空间环境品质的改善，为沙滩村旅游产业发展、社区文化建设等提供了较好的物质场所。近年来，该村建立四季采摘园、民宿改造示范点、社戏广场、东坞观光栈桥、房车露营基地、旅游集散中心等休闲旅游场所和设施，推动旅游文化产业发展，古村落重新焕发了新活力。

3.5　小结

黄岩美丽经济较快发展，探索推行"建筑有机更新、风貌整体控制、规划实时互动、人文内涵共生、回应内在需求、普通村落涅槃"的历史文化村落保护利用工作新路径，成功举办全省历史文化村落保护利用工作现场会，得到了原省委副书记王辉忠和原副省长黄旭明的高度肯定。

黄岩的目标，不满足于打造几个零散的明星村落，而是要打造美丽乡村示范区。美丽乡村要蝶变出美丽经济，离不开"全景化、全产业、全领域"的协作。接下来，黄岩将致力于整合分散的美丽乡村，打造一个大型旅游休闲度假区。

图 4-3-7　沙滩村组图

图 4-3-8　美丽乡村建设

后记 POSTSCRIPT

　　十九大报告提出"乡村振兴"战略，要培养一批懂农业、爱农村的乡村规划建设人才。高校肩负着人才培养的重任，目前教学师资的主体是80后的年轻老师，他们对于乡村的认知不深；而现在在校的学生基本为95后，他们中的多数人从小是在城镇长大的，对于"乡村是什么，乡村的未来该是什么"等问题很茫然，因此，如何创新教学组织模式，建立扎根乡村、长期跟踪研究乡村发展的"教学科研根据地"，是当前人居环境领域相关专业急需突破的办学瓶颈。

　　浙江工业大学自2015年起开设乡村规划设计课程以来，教学团队由规划、建筑、风景园林、人文地理等不同学科方向、不同年龄结构的教师组成，近年来以浙江美丽乡村实践为载体，一直在探索教学如何紧密结合社会实践，邀请设计院、地方政府领导走进课堂，与校内教师一起开展联合教学活动与成果点评工作，为学生传授"乡村是什么"、"怎么开展乡村调研"、"乡村规划的方法与程序"、"乡村规划怎么做"等知识；同时以竞赛为载体，开展校内不同专业、省内高校、区域高校、国内高校、国外高校间的五层次协同联盟参与与指导下的乡村规划设计教学。这种创新实践载体的教学方式，不仅推动了教学改革与发展，提升了教学绩效，更重要的是这种"真刀真枪式"的情景教学激发了学生的学习兴趣、扩大了社会影响度，并带动了相关高校对于乡村规划设计教学与人才培养的关注。

　　浙江工业大学城市规划系已连续三年承办浙江省大学生"乡村规划与创意设计"教学竞赛，即第一届在四个全面发展县浦江县、第二届在科学发展示范县嘉善县后，第三届竞赛在享有"中华橘源"美称的台州市黄岩区进行，于春暖花开的三月开始，于秋高气爽的十月结束。期间经过了集中开题、村民方案对接、成果提交、方案评优四个阶段，特别是方案评优阶段，邀请了省内外乡村规划的知名学者、专家、政府官员参与方案评优并作成果点评，吸引了来自省内约200人的师生参与，特别是得到了浙江省城市规划学会的大力支持，在此表示最诚挚的感谢！

　　该项赛事之所以能够持续成功举办，离不开省内各兄弟院校的大力支持与积极参与，感谢浙江大学、中国美术学院、浙江理工大学、浙江树人大学、浙江农林大学、浙江科技学院、浙江财经大学的各位同仁们，是你们的辛勤指导与热忱付出给了我们继续前行的动力，再次致以真诚的感谢！

　　如今，盛会已经结束，浙江美丽大花园建设正在如火如荼地进行，不忘初心、砥砺前行。"路漫漫其修远兮，吾将上下而求索"，继续探索浙江特色的乡建道路与乡村规划人才培养方案任重而道远，该作品集的整理出版旨在为高校乡村规划设计教学提供案例，以期更好地推动乡村规划设计教学。

　　最后感谢黄岩各方对本项赛事的鼎力支持与无私帮助！

陈玉娟　执笔

2018 年 1 月 24 日